实用防雷业务知识问答

刘凤姣　何逸　王智刚　主编

气象出版社

图书在版编目(CIP)数据

实用防雷业务知识问答/刘凤姣，何逸，王智刚主编.
北京:气象出版社，2014.12
ISBN 978-7-5029-5801-5

Ⅰ.①实… Ⅱ.①刘… ②何… ③王… Ⅲ.①防雷-问题解答 Ⅳ.①P427.32-44

中国版本图书馆CIP数据核字(2014)第308599号

Shiyong Fanglei Yewu Zhishi Wenda
实用防雷业务知识问答
刘凤姣 何逸 王智刚 主编

出版发行:气象出版社
地　　址:北京市海淀区中关村南大街46号　**邮政编码**:100081
总 编 室:010-68407112　**发 行 部**:010-68409198
网　　址:www.qxcbs.com　**E-mail**: qxcbs@cma.gov.cn
责任编辑:刘　畅　邵　华　**终　　审**:黄润恒
封面设计:符　赋　**责任技编**:吴庭芳
印　　刷:北京京科印刷有限公司
开　　本:710mm×1000mm　1/16　**印　　张**:9.5
字　　数:176千字
版　　次:2015年1月第1版　**印　　次**:2015年1月第1次印刷
定　　价:38.00元

《实用防雷业务知识问答》编委会

主　编： 刘凤姣　何　逸　王智刚

副主编： 江卫平　刘景洪　粟　锴

编　委： 王耀悉　刘发挥　唐　瑶　覃彬全　刘越屿

高　波　贾绽云　马　强　徐　勇　蔡炎峰

曾庆云　赵景昭　吴　岚　刘艳清　鲍延英

曹俊峰

前　言

随着现代雷电防御技术的不断提高和完善，防雷业务已经由单一的接地检测，逐渐发展并形成了雷电预警预报、雷击风险评估、灾害调查分析、产品冲击测试、模型、模拟仿真实验、工程设计、跟踪验收检测等多层次、全方位的雷电防护体系。技术能力的提升促进了服务内容的多样化，同时也对雷电防御业务的管理提出了更高的要求。如何真正建设以科学服务为核心，以队伍管理为关键，以政策法规为保障的业务体系，是本书编者试图解决的主要问题，即：掌握政策法规，严格遵照国家法律法规对防雷工作的规定，实现规范管理；加强业务考核和严格服务流程，实现风险防控；优化资源配置，提高业务能力，实现科学服务。

在努力实现上述编写目标的同时，本书编写还注重突出以下特点：

1)形式新颖：以问、答形式，提出和解答有关问题，让读者在问答之间获得启发，建立相应的认知与认识。

2)针对性强：本书编写针对防雷工作全过程。从应知应会入手，引入方式方法层层细化，一一对应，使每个管理环节和业务服务工作步骤清晰明确，有的放矢。

3)广泛性好：本书内容涵盖面广，通过业务流程介绍、步骤分解、技术指标细化以及技术要点等问题的详细解答，可以为从业人员、专业学生提供帮助。

本书在编写过程中，得到了中国气象局法规司、中国气象局纪检组的高度重视和悉心指导。湖南省防雷中心诸多技术与管理人员为本书的编写做了大量工作，胡燕、邵荣华、陈亮宇、吴运策、刘新辉、邓战满、贾立波、汤宇、程小芳、聂新宇、刘帅、彭墩、郭贵宾、刘斌、侯鸿滨、曾进、刘盼、丰媛媛、吴浏珺、雍志刚、胡夏初、汤光玉为本书的编写进行了资料的收集和相关修改整理，本书在成稿之时也获得了防雷专家及行业同仁们的广泛关注和认可，在此，谨向帮助完成本书的专家和工作人员致谢！

编　者

2014 年 11 月

目　　录

第一部分

防雷政策与管理

一、法律法规及部门规章

1.防雷管理相关的法律法规有哪些?

2.《气象法》第几章第几条对防雷管理作出相应的规定,内容是什么?

3.《气象法》第几章第几条对安装不符合使用要求的雷电灾害防护装置的怎么处罚?

4.《行政许可法》要求设定和实施行政许可应遵循什么原则?

5.《行政许可法》规定行政许可受理的期限是多少?

6.《标准化法》规定国家标准、行业标准及地方标准分别由谁制定?

7.《标准化法》中规定强制性标准和推荐性标准分别有哪些?

8.《安全生产法》规定提供技术服务的中介机构应遵循什么?

9.《安全生产法》第几条对承担安全评价、认证、检测、检验工作的机构,出具虚假证明,构成犯罪的怎样处罚?

10.《建筑法》规定建筑工程监理的职责是什么?

11.《气象灾害防御条例》哪一条对防雷管理作出相关规定?

12.《气象灾害防御条例》哪一条规定专门从事雷电防护装置设计、施工、检测的单位应当具备什么条件?

13.《气象灾害防御条例》对无资质或者超越资质许可范围从事雷电防护装置设计、施工、检测的或弄虚作假的怎么处罚?

14.《建设工程质量管理条例》中要求实行监理的建设工程有什么规定?哪些工程必须实行监理?

15.《建设工程质量管理条例》建设工程竣工验收应当具备哪些条件?

16.《国务院对确需保留的行政审批项目设定行政许可的决定》(国务院第412号令)中哪一项规定防雷行政许可及许可内容是什么?由哪一级气象部门实施?

17. 气象部门对防雷管理颁布的规章主要有哪些?

18. 中国气象局第 15 号令《气象行政许可实施办法》规定气象行政许可项目哪些由省、自治区、直辖市气象主管机构实施?

19. 中国气象局第 19 号令《气象行政处罚办法(修订)》中规定当场作出气象行政处罚决定时,应当遵守哪些程序?

20. 气象行政处罚案件自立案之日起,应当在几个月内作出处理决定?

21.《气象行政处罚办法(修订)》中作出行政处罚决定后对受送达有什么规定?

22. 中国气象局第 21 号令《防雷装置设计审核和竣工验收规定》申请防雷装置初步设计审核应当提交什么材料?

23. 中国气象局第 21 号令《防雷装置设计审核和竣工验收规定》申请防雷装置施工图设计审核应当提交什么材料?

24. 中国气象局第 21 号令《防雷装置设计审核和竣工验收规定》申请防雷装置竣工验收应当提交什么材料?

25. 中国气象局第 21 号令《防雷装置设计审核和竣工验收规定》中对违反相关规定的处罚是什么?

26. 中国气象局第 24 号令《防雷减灾管理办法(修订)》的第十五、十七条对防雷管理有什么规定?

27. 中国气象局第 24 号令《防雷减灾管理办法(修订)》对防雷装置定期检测有什么规定?

28. 中国气象局第 24 号令《防雷减灾管理办法(修订)》中第三十四、三十五条对违反办法有什么规定?

29. 中国气象局第 24 号令《防雷减灾管理办法(修订)》第二十七条有什么规定?

30. 中国气象局第 25 号令《防雷工程专业资质管理办法(修订)》第几条规定资质分哪两类,分哪几级?

31. 中国气象局第 25 号令《防雷工程专业资质管理办法(修订)》规定甲、乙、丙级资质单位可以从事《建筑物防雷设计规范》规定的哪几类防雷工程的设计和施工?

32. 中国气象局第 25 号令规定申请甲级资质有什么要求?

33. 中国气象局第 25 号令规定申请乙级资质有什么要求?

34. 防雷工程专业设计和施工资质的有效期为几年?

1. 防雷管理相关的法律法规有哪些?

答:防雷管理相关的法律法规有《中华人民共和国气象法》(下简称《气象法》)、《中华人民共和国行政许可法》(下简称《行政许可法》)、《中华人民共和国标准化法》(下简称《标准化法》)、《中华人民共和国安全生产法》(下简称《安全生产法》)、《中华人民共和国建筑法》(下简称《建筑法》)、《气象灾害防御条例》国务院第570号令、《建设工程质量管理条例》国务院第279号令、《国务院对确需保留的行政审批项目设定行政许可的决定》国务院第412号令、《国家气象灾害应急预案》及各省市制定的关于防雷管理的地方性相关法律法规。

2.《气象法》第几章第几条对防雷管理作出相应的规定,内容是什么?

答:《气象法》第五章第三十一条规定,各级气象主管机构应当加强对雷电灾害防御工作的组织管理,并会同有关部门指导对可能遭受雷击的建筑物、构筑物和其他设施安装的雷电灾害防护装置的检测工作。安装的雷电灾害防护装置应当符合国务院气象主管机构规定的使用要求。

3. 《气象法》第几章第几条对安装不符合使用要求的雷电灾害防护装置的怎么处罚?

答:《气象法》第七章第三十七条规定,安装不符合使用要求的雷电灾害防护装置的,由有关气象主管机构责令改正,给予警告。使用不符合使用要求的雷电灾害防护装置给他人造成损失的,依法承担赔偿责任。

4.《行政许可法》要求设定和实施行政许可应遵循什么原则?

答:《行政许可法》第一章第五条规定,设定和实施行政许可应当遵循公开、公平、公正的原则。

5.《行政许可法》规定行政许可受理的期限是多少?

答:《行政许可法》第四章第三节第四十二条规定,除可以当场作出行政许可决定的外,行政机关应当自受理行政许可申请之日起二十日内作出行政许可决定。二十日内不能作出决定的,经本行政机关负责人批准,可以延长十日,并应当将延长期限的理由告知申请人。但是,法律、法规另有规定的,依照其规定。

6.《标准化法》规定国家标准、行业标准及地方标准分别由谁制定?

答:《标准化法》第二章第六条规定,对需要在全国范围内统一的技术要求,应当制定国家标准。国家标准由国务院标准化行政主管部门制定。对没有国家标准而又需要在全国某个行业范围内统一的技术要求，可以制定行业标准。行业标准由国务院有关行政主管部门制定，并报国务院标准化行政主管部门备案，在公布国家标准之后，该项行业标准即行废止。对没有国家标准和行业标准而又需要在省、自治区、直辖市范围内统一的工业产品的安全、卫生要求，可以制定地方标准。地方标准由省、自治区、直辖市标准化行政主管部门制定，并报国务院标准化行政主管部门和国务院有关行政主管部门备案，在公布国家标准或者行业标准之后，该项地方标准即行废止。

企业生产的产品没有国家标准和行业标准的，应当制定企业标准，作为组织生产的依据。企业的产品标准须报当地政府标准化行政主管部门和有关行政主管部门备案。已有国家标准或者行业标准的，国家鼓励企业制定严于国家标准或者行业标准的企业标准，在企业内部适用。

7.《标准化法》中规定强制性标准和推荐性标准分别有哪些？

答：《标准化法》第二章第七条规定，国家标准、行业标准分为强制性标准和推荐性标准。保障人体健康，人身、财产安全的标准和法律、行政法规规定强制执行的标准是强制性标准，其他标准是推荐性标准。

省、自治区、直辖市标准化行政主管部门制定的工业产品的安全、卫生要求的地方标准，在本行政区域内是强制性标准。

8.《安全生产法》规定提供技术服务的中介机构应遵循什么？

答：《安全生产法》第四章第六十九条规定，承担安全评价、认证、检测、检验的机构应当具备国家规定的资质条件，并对其作出的安全评价、认证、检测、检验的结果负责。

9.《安全生产法》第几条对承担安全评价、认证、检测、检验工作的机构，出具虚假证明，构成犯罪的怎样处罚？

答：《安全生产法》第六章第八十九条规定，承担安全评价、认证、检测、检验工作的机构，出具虚假证明的，没收违法所得，违法所得在10万元以上的，并处违法所得2倍以上5倍以下的罚款；没有违法所得或者违法所得不足10万元的，单处或者并处10万元以上20万元以下的罚款；对其直接负责的主管人员和其他直接责任人员处2万元以上5万元以下的罚款；给他人造成损害的，与生产经营单位承担连带赔偿责任；构成犯罪的，依照刑法有关规定追究刑事责任。

10.《建筑法》规定建筑工程监理的职责是什么?

答:《建筑法》第四章第三十二条规定,建筑工程监理应当依照法律、行政法规及有关的技术标准、设计文件和建筑工程承包合同,对承包单位在施工质量、建设工期和建设资金使用等方面,代表建设单位实施监督。工程监理人员认为工程施工不符合工程设计要求、施工技术标准和合同约定的,有权要求建筑施工企业改正。工程监理人员发现工程设计不符合建筑工程质量标准或者合同约定的质量要求的,应当报告建设单位要求设计单位改正。

11.《气象灾害防御条例》哪一条对防雷管理作出相关规定?

答:《气象灾害防御条例》第二章第二十三条规定,各类建(构)筑物、场所和设施安装雷电防护装置应当符合国家有关防雷标准的规定。对新建、改建、扩建建(构)筑物设计文件进行审查,应当就雷电防护装置的设计征求气象主管机构的意见;对新建、改建、扩建建(构)筑物进行竣工验收,应当同时验收雷电防护装置并有气象主管机构参加。雷电易发区内的矿区、旅游景点或者投入使用的建(构)筑物、设施需要单独安装雷电防护装置的,雷电防护装置的设计审核和竣工验收由县级以上地方气象主管机构负责。

12.《气象灾害防御条例》哪一条规定专门从事雷电防护装置设计、施工、检测的单位应当具备什么条件?

答:《气象灾害防御条例》第二章第二十四条规定,专门从事雷电防护装置设计、施工、检测的单位应当具备下列条件,取得国务院气象主管机构或者省、自治区、直辖市气象主管机构颁发的资质证:

1)有法人资格。

2)有固定的办公场所和必要的设备、设施。

3)有相应的专业技术人员。

4)有完备的技术和质量管理制度。

5)国务院气象主管机构规定的其他条件。

从事电力、通信雷电防护装置检测的单位的资质证由国务院气象主管机构和国务院电力或者国务院通信主管部门共同颁发。依法取得建设工程设计、施工资质的单位,可以在核准的资质范围内从事建设工程雷电防护装置的设计、施工。

13.《气象灾害防御条例》对无资质或者超越资质许可范围从事雷电防护装置设计、施工、检测的或弄虚作假的怎么处罚?

答:《气象灾害防御条例》第四十五条规定,有下列行为之一的,由县级以上气象主管机构或者其他有关部门按照权限责令停止违法行为，处5万元以上10万元以下的罚款；有违法所得的，没收违法所得；给他人造成损失的，依法承担赔偿责任：

1)无资质或者超越资质许可范围从事雷电防护装置设计、施工、检测的。

2)在雷电防护装置设计、施工、检测中弄虚作假的。

14.《建设工程质量管理条例》中要求实行监理的建设工程有什么规定？哪些工程必须实行监理？

答:《建设工程质量管理条例》第二章第十二条规定，实行监理的建设工程，建设单位应当委托具有相应资质等级的工程监理单位进行监理，也可以委托具有工程监理相应资质等级并与被监理工程的施工承包单位没有隶属关系或者其他利害关系的该工程的设计单位进行监理。下列建设工程必须实行监理：

1)国家重点建设工程。

2)大中型公用事业工程。

3)成片开发建设的住宅小区工程。

4)利用外国政府或者国际组织贷款、援助资金的工程。

5)国家规定必须实行监理的其他工程。

15.《建设工程质量管理条例》建设工程竣工验收应当具备哪些条件？

答:《建筑工程质量管理条例》第二章第十六条规定，建设单位收到建设工程竣工报告后，应当组织设计、施工、工程监理等有关单位进行竣工验收。

建设工程竣工验收应当具备下列条件：

1)完成建设工程设计和合同约定的各项内容。

2)有完整的技术档案和施工管理资料。

3)有工程使用的主要建筑材料、建筑构配件和设备的进场试验报告。

4)有勘察、设计、施工、工程监理等单位分别签署的质量合格文件。

5)有施工单位签署的工程保修书。

建设工程经验收合格的，方可交付使用。

16.《国务院对确需保留的行政审批项目设定行政许可的决定》(国务院第412号令)中哪一项规定防雷行政许可及许可内容是什么？由哪一级气象部门实施？

答:国务院第412号令第377项规定，防雷装置检测、防雷工程专业设计、施工单位资质认定许可事项，由中国气象局和省、自治区、直辖市气象主管机构实施。第378项规定，防雷装置设计审核和竣工验收许可事项，由县以上地方气象主管机构实施。

17. 气象部门对防雷管理颁布的规章主要有哪些？

答：防雷管理颁布的规章主要有：

1)《气象行政许可实施办法》中国气象局第 15 号令。

2)《气象行政处罚办法(修订)》中国气象局第 19 号令。

3)《防雷装置设计审核和竣工验收规定》中国气象局第 21 号令。

4)《防雷减灾管理办法(修订)》中国气象局第 24 号令。

5)《防雷工程专业资质管理办法(修订)》中国气象局第 25 号令。

18. 中国气象局第 15 号令《气象行政许可实施办法》规定气象行政许可项目哪些由省、自治区、直辖市气象主管机构实施？

答：中国气象局第 15 号令第二章第十一条规定，下列气象行政许可项目由省、自治区、直辖市气象主管机构实施：

1)一般气象站(区域气象观测站)迁建审批。

2)新建、扩建、改建建设工程避免危害一般气象站(区域气象观测站)气象探测环境审批。

3)相应审批权限内的重要气象设施建设项目审核。

4)人工影响天气作业组织资格审批。

5)人工影响天气作业人员资格审批。

6)人工影响天气作业单位之间转让作业设备审批。

7)建设项目大气环境影响评价使用气象资料审查。

8)防雷装置检测单位资质认定。

9)防雷工程专业设计或者施工单位乙(丙)级资质认定。

10)防雷装置设计审核。

11)防雷装置竣工验收。

12)升放无人驾驶自由气球或者系留气球单位资质认定。

13)升放无人驾驶自由气球或者系留气球活动审批。

14)法律、法规、地方政府规章规定的由省、自治区、直辖市气象主管机构实施的其他气象行政许可项目。

19. 中国气象局第 19 号令《气象行政处罚办法(修订)》中规定当场作出气象行政处罚决定时，应当遵守哪些程序？

答：中国气象局第 19 号令第三章第一节第十六条规定，当场作出气象行政处罚决定时，气象行政执法人员不得少于两人，并应当遵守下列程序：

1)气象行政执法人员应当向当事人出示行政执法证件。

2)现场查清当事人的违法事实，并制作现场检查或者调查笔录。

3)向当事人说明违法的事实、气象行政处罚的理由和依据，并告知当事人依法享有的权利。

4)听取当事人的陈述和申辩，对当事人提出的事实、理由和证据成立的，应当采纳。

5)气象行政执法人员在进行现场处罚时，必须使用统一的、有预定格式、编有号码的现场处罚决定书，载明当事人的违法行为、行政处罚依据、罚款数额、时间、地点以及气象主管机构的名称，并由气象行政执法人员签名或者盖章后，当场交给当事人。

6)告知当事人如对当场作出的行政处罚决定不服，可以依法申请行政复议或者提起行政诉讼。

气象行政执法人员当场作出的行政处罚决定，必须在决定之日起 3 日内报所属气象主管机构备案。

20. 气象行政处罚案件自立案之日起，应当在几个月内作出处理决定？

答：中国气象局第 19 号令第三章第二节第三十二条规定，气象行政处罚案件自立案之日起，应当在 6 个月内作出处理决定。特殊情况需要延长时间的，应当报上级气象主管机构批准并书面告知案件当事人。

21.《气象行政处罚办法(修订)》中作出行政处罚决定后对受送达有什么规定？

答：中国气象局第 19 号令第三章第二节第三十三条规定，作出行政处罚决定的气象主管机构应当在作出处罚决定之日起 7 日内，将气象行政处罚决定书送达当事人，并根据需要将副本抄送与案件有关的单位。

受送达人应当在送达回执上记明收到日期，并签名或者盖章。受送达人在送达回执上的签收日期即为送达日期。

受送达人拒绝签收的，送达人应当邀请有关基层组织或者受送达人所在单位人员到场见证，说明情况，并在送达回执上记明拒收理由和日期，由送达人、见证人签名或者盖章，把处罚决定书留置受送达人处，即视为送达。受送达人不在，可由其所在单位的领导或者成年家属代为签收。

邮寄送达以挂号回执上注明的日期为送达日期。

受送达人下落不明，或者用其他方式无法送达的，可以公告送达。自发布公告之日起，经过60日，即视为送达。公告送达，应当在案卷中注明原因和经过。

22. 中国气象局第21号令《防雷装置设计审核和竣工验收规定》申请防雷装置初步设计审核应当提交什么材料？

答：中国气象局第21号令第二章第八条规定，申请防雷装置初步设计审核应当提交以下材料：《防雷装置设计审核申请书》；总规划平面图；设计单位和人员的资质证和资格证书的复印件；防雷装置初步设计说明书、初步设计图纸及相关资料。

需要进行雷电灾害风险评估的项目，应当提交雷电灾害风险评估报告。

23. 中国气象局第21号令《防雷装置设计审核和竣工验收规定》申请防雷装置施工图设计审核应当提交什么材料？

答：中国气象局第21号令第二章第九条规定，申请防雷装置施工图设计审核应当提交以下材料：《防雷装置设计审核申请书》；设计单位和人员的资质证和资格证书的复印件；防雷装置施工图设计说明书、施工图设计图纸及相关资料；设计中所采用的防雷产品相关资料；经当地气象主管机构认可的防雷专业技术机构出具的防雷装置设计技术评价报告。

防雷装置未经过初步设计的，应当提交总规划平面图；经过初步设计的，应当提交《防雷装置初步设计核准意见书》。

24. 中国气象局第21号令《防雷装置设计审核和竣工验收规定》申请防雷装置竣工验收应当提交什么材料？

答：中国气象局第21号令第三章第十六条规定，防雷装置竣工验收应当提交以下材料：《防雷装置竣工验收申请书》；《防雷装置设计核准意见书》；施工单位的资质证和施工人员的资格证书的复印件；取得防雷装置检测资质的单位出具的《防雷装置检测报告》；防雷装置竣工图纸等技术资料；防雷产品出厂合格证、安装记录和符合国务院气象主管机构规定的使用要求的证明文件。

25. 中国气象局第21号令《防雷装置设计审核和竣工验收规定》中对违反相关规定的处罚是什么？

答：中国气象局第21号令第五章第三十二条规定，违反本规定，有下列行为之一的，由县级以上气象主管机构按照权限责令改正，给予警告，可以处5万元以上10万元以下罚款；给他人造成损失的，依法承担赔偿责任；构成犯罪的，依法追究刑事责任：

1)涂改、伪造防雷装置设计审核和竣工验收有关材料或者文件的。

2)向监督检查机构隐瞒有关情况、提供虚假材料或者拒绝提供反映其活动情况的真实材料的。

3)防雷装置设计未经有关气象主管机构核准,擅自施工的。

4)防雷装置竣工未经有关气象主管机构验收合格,擅自投入使用的。

26. 中国气象局第24号令《防雷减灾管理办法(修订)》的第十五、十七条对防雷管理有什么规定?

答:1)《防雷减灾管理办法》第十五条规定,县级以上地方气象主管机构负责本行政区域内的防雷装置的设计审核。符合要求的,由负责审核的气象主管机构出具核准文件;不符合要求的,负责审核的气象主管机构提出整改要求,退回申请单位修改后重新申请设计审核。未经审核或者未取得核准文件的设计方案,不得交付施工。

2)《防雷减灾管理办法》第十七条规定,县级以上地方气象主管机构负责本行政区域内的防雷装置的竣工验收。负责验收的气象主管机构接到申请后,应当根据具有相应资质的防雷装置检测机构出具的检测报告进行核实。符合要求的,由气象主管机构出具验收文件。不符合要求的,负责验收的气象主管机构提出整改要求,申请单位整改后重新申请竣工验收。未取得验收合格文件的防雷装置,不得投入使用。

27. 中国气象局第24号令《防雷减灾管理办法(修订)》对防雷装置定期检测有什么规定?

答:《防雷减灾管理办法》第四章第十九条规定,投入使用后的防雷装置实行定期检测制度。防雷装置应当每年检测一次,对爆炸和火灾危险环境场所的防雷装置应当每半年检测一次。第二十三条规定,已安装防雷装置的单位或者个人应当主动委托有相应资质的防雷装置检测机构进行定期检测,并接受当地气象主管机构和当地人民政府安全生产管理部门的管理和监督检查。

28. 中国气象局第24号令《防雷减灾管理办法(修订)》中第三十四、三十五条对违反办法有什么规定?

答:《防雷减灾管理办法》第七章第三十四条规定,违反本办法有下列行为之一的,由县级以上气象主管机构按照权限责令改正,给予警告,可以处5万元以上10万元以下罚款;给他人造成损失的,依法承担赔偿责任:

1)不具备防雷装置检测、防雷工程专业设计或者施工资质,擅自从事相关活动的。

2)超出防雷装置检测、防雷工程专业设计或者施工资质等级从事相关活动的。

3)防雷装置设计未经当地气象主管机构审核或者审核未通过,擅自施工的。

4)防雷装置未经当地气象主管机构验收或者未取得验收文件,擅自投入使用的。

第七章第三十五条规定,违反本办法有下列行为之一的,由县级以上气象主管机构按照权限责令改正,给予警告,可以处1万元以上3万元以下罚款;给他人造成损失的,依法承担赔偿责任;构成犯罪的,依法追究刑事责任:

1)应当安装防雷装置而拒不安装的。

2)使用不符合使用要求的防雷装置或者产品的。

3)已有防雷装置,拒绝进行检测或者经检测不合格又拒不整改的。

4)对重大雷电灾害事故隐瞒不报的。

29. 中国气象局第24号令《防雷减灾管理办法(修订)》第二十七条有什么规定?

答:《防雷减灾管理办法》第五章第二十七条规定,大型建设工程、重点工程、爆炸和火灾危险环境、人员密集场所等项目应当进行雷电灾害风险评估,以确保公共安全。各级地方气象主管机构按照有关规定组织进行本行政区域内的雷电灾害风险评估工作。

30. 中国气象局第25号令《防雷工程专业资质管理办法(修订)》第几条规定资质分哪两类,分哪几级?

答:中国气象局第25号令第一章第三条规定,防雷工程专业资质分为设计资质和施工资质两类,资质等级分为甲、乙、丙三级。

31. 中国气象局第25号令《防雷工程专业资质管理办法(修订)》规定甲、乙、丙级资质单位可以从事《建筑物防雷设计规范》规定的哪几类防雷工程的设计和施工?

答:中国气象局第25号令第一章第四条规定,甲级资质单位可以从事《建筑物防雷设计规范》规定的第一类、第二类、第三类防雷建筑物,以及各类场所和设施的防雷工程的设计或者施工。

乙级资质单位可以从事《建筑物防雷设计规范》规定的第二类、第三类防雷建筑物,以及各类场所和设施的防雷工程的设计或者施工。

丙级资质单位可以从事《建筑物防雷设计规范》规定的第三类防雷建筑物的防雷工程的设计或者施工。

不可移动文物防雷工程的设计或者施工应当由乙级以上资质单位承担。

32. 中国气象局第25号令规定申请甲级资质有什么要求?

答:中国气象局第25号令第二章第九条规定,申请甲级资质的单位除了符合本办法第八条的基本条件外,还应当同时符合以下条件:

1)注册资本人民币150万元以上。

2)具有与承担业务相适应的防雷工程专业技术人员和辅助专业技术人员。取得《防雷工程资格证书》的专业技术人员中,3名以上具有防雷相关专业高级技术职称,6名以上具有防雷相关专业中级技术职称。

3)近三年完成防雷工程总额不少于800万元,所完成的综合防雷工程不少于20个,每个工程额不低于30万元,其中至少有一个工程额不低于150万元。

4)所承担的防雷工程,必须经过当地气象主管机构的设计审核和竣工验收。

5)取得乙级资质3年以上,每年年检合格。

33. 中国气象局第25号令规定申请乙级资质有什么要求?

答:中国气象局第25号令第二章第十条规定,申请乙级资质的单位除了符合本办法第八条的基本条件外,还应当同时符合以下条件:

1)注册资本人民币80万元以上。

2)具有与承担业务相适应的防雷工程专业技术人员和辅助专业技术人员。取得《防雷工程资格证书》的专业技术人员中,2名以上具有防雷相关专业高级技术职称,4名以上具有防雷相关专业中级技术职称。

3)近三年内完成防雷工程总额不少于400万元,所完成的综合防雷工程不少于20个,每个工程额不低于15万元,其中至少有两个工程额不低于50万元。

4)所承担的防雷工程,必须经过当地气象主管机构的设计审核和竣工验收。

5)取得丙级资质1年以上,每年年检合格。

34. 防雷工程专业设计和施工资质的有效期为几年?

答:中国气象局第25号令第五章第二十条规定,防雷工程专业设计和施工资质的有效期为3年。在有效期满三个月前,申请单位应当向原认定机构提出延续申请。原认定机构根据年检记录及资质申请条件,在有效期满前一个月内做出准予延续、降低等级或者注销的决定。逾期未提出延续申请的,资质证书自动失效,且一年内不得重新申请资质。

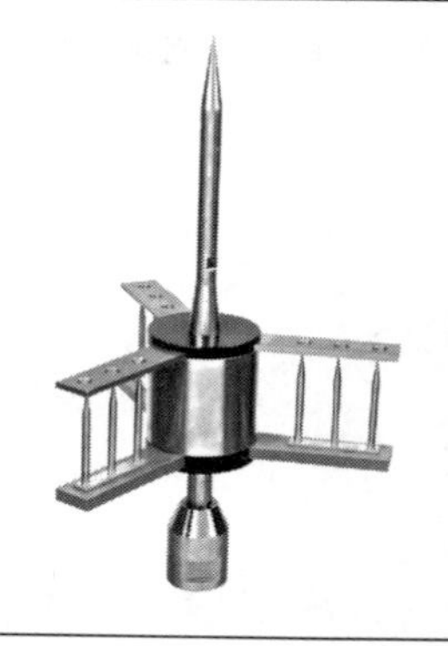

二、防雷服务规范管理

(一)防雷管理

1.气象灾害防御工作原则是什么?

2.气象灾害有哪些?

3.雷电灾害防御包括哪些内容?

4.防雷减灾工作原则是什么?

5.什么是防雷“三同时”?

6.防雷检测机构的资质由哪一级机构认定?

7.遭受雷电灾害的组织和个人应该向哪一级机构报告?

8.防雷产品由哪一级检测机构测试?

9.防雷产品检测机构应该具备哪些基本条件?

10.防雷产品的使用应该到哪一级机构备案?

11.防雷技术服务档案的内容有哪些?

12.防雷技术人员档案的内容有哪些?

13.防雷设备仪器档案有哪些?

(二)气象部门防雷廉政风险防控

14.防雷技术服务廉政风险防控的目的是什么?

15.廉政风险防控“五个一”指哪些?

16.廉政风险防控的指导方针是什么?

17.防雷装置设计技术评价的廉政风险有哪些?

18.防雷装置设计技术评价风险防控的措施有哪些?

19.防雷装置设计技术评价风险防控的操作过程有哪些?

20.防雷装置设计技术评价风险防控图包括哪些内容?

21.新建、改建、扩建防雷装置检测廉政风险防控的操作过程有哪些?

22. 新建、改建、扩建防雷装置检测风险防控的措施有哪些？

23. 新建、改建、扩建防雷装置检测风险防控图包括哪些内容？

24. 防雷装置定期检测风险防控的操作过程有哪些？

25. 防雷装置定期检测风险防控的措施有哪些？

26. 防雷装置定期检测风险防控图包括哪些内容？

27. 防雷工程施工管理风险防控的操作过程有哪些？

28. 防雷工程施工管理的风险有哪些？

29. 防雷工程施工管理风险防控的措施有哪些？

30. 防雷工程施工管理风险防控图包括哪些内容？

（三）防雷业务现代化建设

31. 新时期气象现代化的内涵是什么？

32. 气象业务现代化的主要任务有哪些？

33. 湖南防雷服务现代化建设已做的项目有哪些？

34. 湖南省区域雷击风险评估系统的基本内容是什么？

35. 湖南省雷电监测预警综合业务平台的基本内容是什么？

36. 防雷综合检测服务车集成了哪些仪器设备，具有哪些功能，主要服务对象主要包括哪些？

37. 防雷综合检测服务车的使用流程有哪些？

38. 防雷综合检测服务车内的设备与目前湖南省防雷中心日常检测用的设备有哪些不同？

39. 防雷综合检测自动生成与现场应急指挥系统包含哪几个模块，各模块主要功能是什么？

40. 防雷综合检测自动生成系统的成果与应用情况如何？

41. 湖南省雷电防护技术服务系统廉政风险防控信息化平台基本内容是什么？

42.《农村民居雷电防护工程技术规范》基本内容是什么？

(一)防雷管理

1. 气象灾害防御工作原则是什么?

答:气象灾害防御工作实行以人为本、科学防御、部门联动、社会参与的原则。

2. 气象灾害有哪些?

答:气象灾害,是指台风、暴雨(雪)、寒潮、大风(沙尘暴)、低温、高温、干旱、雷电、冰雹、霜冻和大雾等所造成的灾害。

3. 雷电灾害防御包括哪些内容?

答:雷电灾害防御(以下简称防雷减灾),是指防御和减轻雷电灾害的活动,包括雷电和雷电灾害的研究、监测、预警、风险评估、防护以及雷电灾害的调查、鉴定等。

4. 防雷减灾工作原则是什么?

答:防雷减灾工作,实行安全第一、预防为主、防治结合的原则。

5. 什么是防雷"三同时"?

答:新建、改建、扩建工程的防雷装置必须与主体工程同时设计、同时施工、同时投入使用。

6. 防雷检测机构的资质由哪一级机构认定?

答:防雷装置检测机构的资质由省、自治区、直辖市气象主管机构负责认定。

7. 遭受雷电灾害的组织和个人应该向哪一级机构报告?

答:遭受雷电灾害的组织和个人,应当及时向当地气象主管机构报告,并协助当地气象主管机构对雷电灾害进行调查与鉴定。

8. 防雷产品由哪一级检测机构测试?

答:防雷产品应当由国务院气象主管机构授权的检测机构测试,测试合格并符合相关要求后方可投入使用。

9. 防雷产品检测机构应该具备哪些基本条件?

答:申请国务院气象主管机构授权的防雷产品检测机构,应当按照国家有关规定通过计量认证、获得资格认可。

10. 防雷产品的使用应该到哪一级机构备案?

答:防雷产品的使用,应当到省、自治区、直辖市气象主管机构备案,并接受省、自治区、直辖市气象主管机构的监督检查。

11. 防雷技术服务档案的内容有哪些?

答:雷电预警服务、风险评估、技术评价、检测等原始资料和报告及合同;雷灾调查相关资料;技术标准;仪器设备验收和使用维护记录表;物资购进及使用情况一览表;文件发放记录表;供应服务商评价记录表;合同评审记录表;开展新工作的评审批准记录表;质量监督记录表;申诉和投诉工作处理情况记录表;量值溯源计划表;安全检查记录表(各类防雷技术服务的录像、照片、笔录、录音、模拟模型)等。

12. 防雷技术人员档案的内容有哪些?

答:学历教育和专业资格证书、培训经历和考试成绩单、技能经历和经验及奖励记录、上岗证书(相关授权和能力、确认日期)等。

13. 防雷设备仪器档案有哪些?

答:设备及其软件的名称;制造商名称、型式标识、系列号或其他唯一性标识;对设备符合规范的核查记录(如果适用);当前的位置(如果适用);所有检测或校准报告证书;接收和启用日期、验收记录;使用和维护记录;设备的损坏、故障、改装或修理记录。

(二)气象部门防雷廉政风险防控

14. 防雷技术服务廉政风险防控的目的是什么?

答:进一步规范防雷技术服务工作,优化流程,促进该项工作的廉洁、高效、优质。

15. 廉政风险防控"五个一"指哪些?

答:"五个一"是指"一图、一表、一单、一规程、一制度"。

16. 廉政风险防控的指导方针是什么？

答：廉政风险防控按照“标本兼治、综合治理、惩防并举、注重预防”的指导方针。

17. 防雷装置设计技术评价的廉政风险有哪些？

答：防雷装置设计技术评价的廉政风险有：随意变更防雷等级；随意变更设计方案；故意增减技术规范适用条款；计费核算不准确；收费减免依据不充分；减免程序不合规；减免幅度不恰当，共7点。

18. 防雷装置设计技术评价风险防控的措施有哪些？

答：防雷装置设计技术评价风险防控的措施有：复核防雷等级；复核设计方案变更依据；审查防雷等级；审查设计方案变更依据；复核计费明细；审查计费明细和计费复核意见；制定收费减免规定，报上级主管部门批准后实施；提醒相关规定及注意事项；受理举报，共9点。

19. 防雷装置设计技术评价风险防控的操作过程有哪些？

答：1)防雷技术服务单位接受客户委托，接收相关资料，出具资料接收单，分配项目；资料不齐全的，要求补全资料。

2)技术人员依据国家相关技术规范对防雷装置设计方案进行技术评价，草拟防雷装置设计技术评价报告。

3)计费人员核算服务费用，编制计费明细。

4)技术复核人员对技术评价报告进行复核，并将所有资料及技术复核意见报分管领导。

5)计费复核人员对服务费用进行复核，有异议的与计费人员沟通，重新核算。

6)技术复核意见与技术评价报告不一致的，单位分管领导组织专家会审，出具会审意见。

7) 技术复核意见与技术评价报告一致的，分管领导应做出相应决定；不一致的，根据会审意见做出决定。做出决定后，审定计费明细，批准收费。需要减免费用的，按照收费减免规定实施。防雷技术服务单位应制定收费减免规定，报省(区、市)气象局主管部门批准后实施。

8)向服务对象出具技术评价报告，收取服务费用。

9)向检测单位派发检测单。

10)防雷技术服务单位按照档案管理制度进行相关资料整理归档。分管领导应定期检查档案管理情况，发现资料被损毁、丢失、涂改或替换等情况追究相关人员的责任。

20. 防雷装置设计技术评价风险防控图包括哪些内容?

答:防雷装置设计技术评价风险防控图如图 1.1 所示。

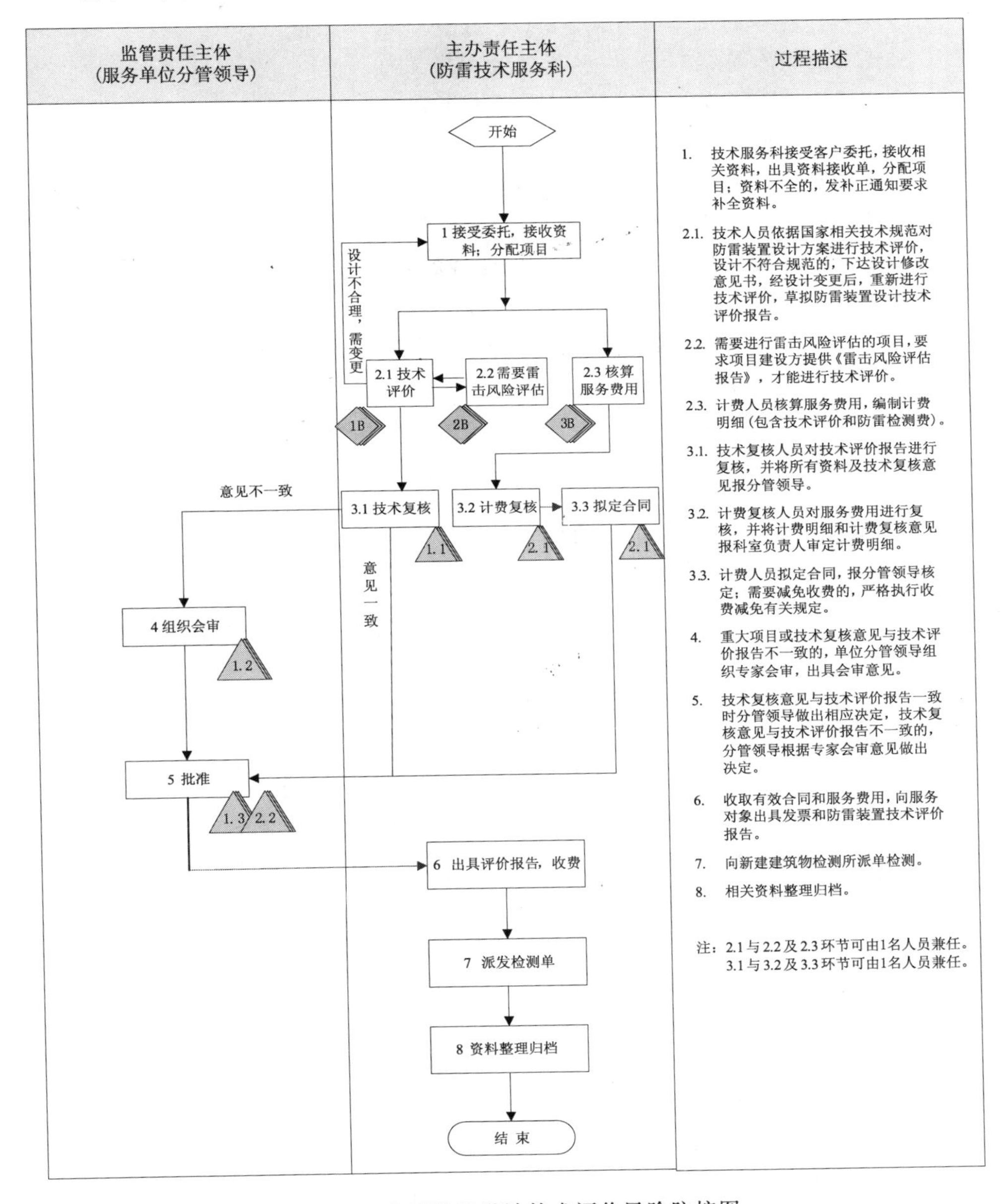

图 1.1 防雷装置设计技术评价风险防控图

21. 新建、改建、扩建防雷装置检测廉政风险防控的操作过程有哪些?

答:1) 技术评价派发检测单到检测单位。

2)单位负责人制定工作计划,委派任务。

3)现场检测人员到现场勘查,填写检测联系单。

4)现场检测人员制定检测方案,建立项目档案。

5)安排 2 人以上实施,明确检测操作与数据记录分别由不同人员担当,并提醒其相关规定及注意事项,强调工作纪律和保密要求。

6)现场检测人员对隐蔽工程等中间环节进行检测并记录数据,操作人员与记录人员现场共同核对数据并签名。现场检测发现符合设计方案和技术规范的继续施工。

7)现场检测发现不符合设计方案或技术规范的,出具整改意见书;服务对象整改后,重新进行检测。

8)检测人员进行竣工检测,现场核对检测记录及相关资料。

9)检测报告编制人编制检测报告(检测意见)。

10)技术人员复核检测报告(检测意见)。

11)分管领导审批检测报告(检测意见)。

12)符合设计方案和技术规范的,出具检测报告。

13)不符合设计方案或技术规范的,出具检测意见;服务对象整改后,重新进行竣工检测。

14)防雷装置检测服务单位按照档案管理制度进行相关资料整理归档。分管领导应定期检查档案管理情况。

22. 新建、改建、扩建防雷装置检测风险防控的措施有哪些?

答:1)接收检测任务:检测单位负责人接收任务后制定检测工作计划并将项目派发分组。

2)跟踪检测:隐蔽工程等中间环节检测安排 2 人以上实施,明确检测操作与数据记录分别由不同人员担当,分别填写意见反馈表、综合检测表。对于检测不合格的按照整改流程,提供现场不合格照片资料,下发书面整改通知。现场抽查并核对检测记录及相关资料(影像资料),重点包括检测面积。

3)竣工检测:安排 2 人以上实施,明确检测操作与数据记录分别由不同人员担当,分别填写意见反馈表、综合检测表。根据现场提供的不合格照片资料,检查整改是否到位。现场抽查并核对检测记录及相关资料。

4)编制检测报告:复核检测资料和检测报告(检测意见),认真复核检测资料(及面积资料),发现编造或未按规定检测的追究相关人员责任。

5)对检测人员提醒相关规定及注意事项，强调工作纪律和保密要求。

6)受理举报。

23. 新建、改建、扩建防雷装置检测风险防控图包括哪些内容？

答：新建、改建、扩建防雷装置检测风险防控图如图1.2所示。

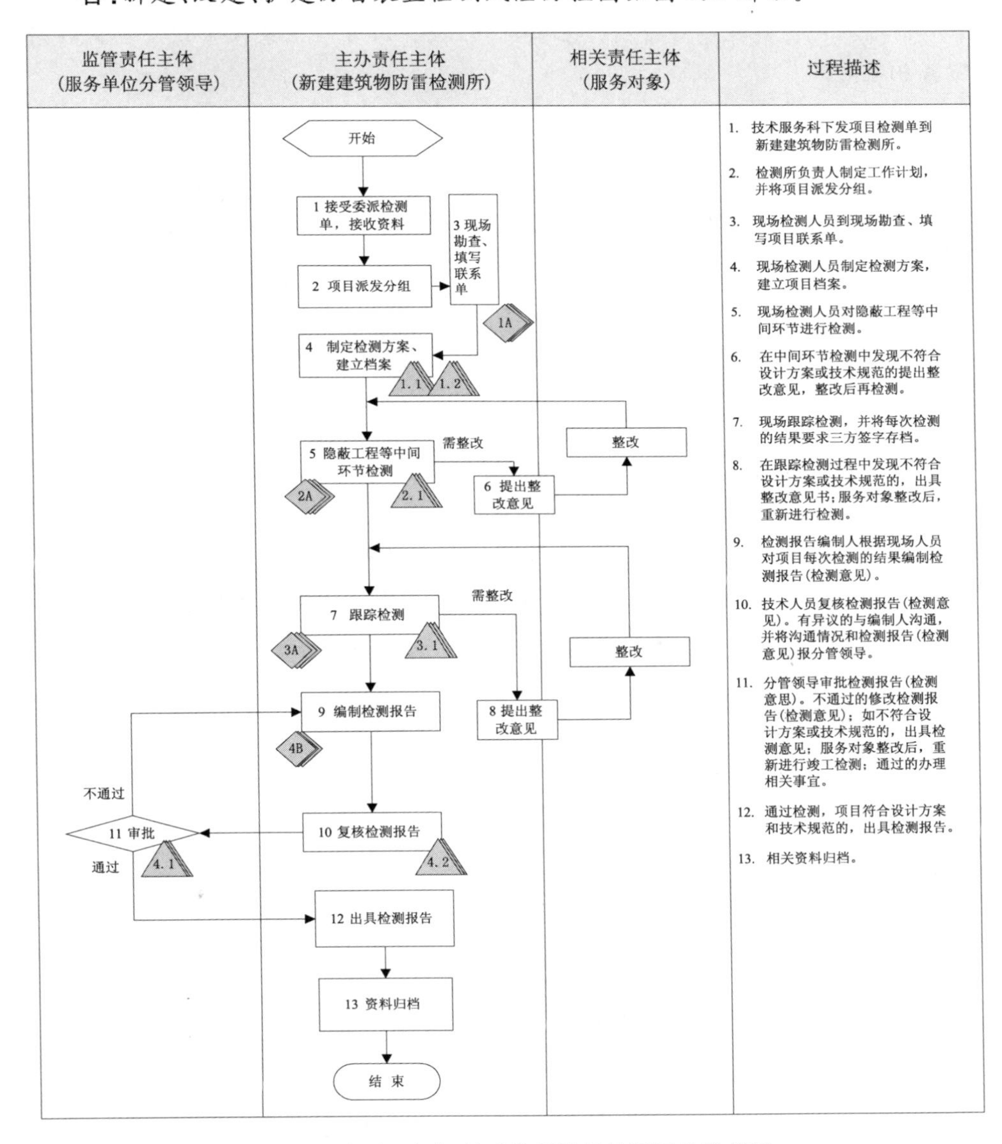

图1.2 新建、改建、扩建防雷装置检测风险防控图

24. 防雷装置定期检测风险防控的操作过程有哪些？

答：1）服务对象提出服务需求。

2）防雷装置检测服务单位受理业务，资料不齐全的要求补全资料。

3）分管领导委派任务。应安排2人以上实施，明确检测操作与数据记录分别由不同人员担当，并提醒相关规定及注意事项，强调工作纪律和保密要求。

4）检测人员实施现场检测并记录数据，操作人员与记录人员现场共同核对数据并签名。

5）检测人员编制检测报告（检测意见）。

6）计费人员核算服务费用，编制计费明细。

7）技术复核人员复核检测报告（检测意见）。有异议的与编制人员沟通，将沟通情况、检测报告（检测意见）报分管领导。

8）计费复核人员复核计费明细。有异议的与计费人员沟通，将沟通情况、计费明细报分管领导。

9）分管领导审批检测报告（检测意见）、计费明细。通过的办理相关事宜，不通过的发回重新编制或核算。需要减免费用的，按照收费减免规定实施。防雷技术服务单位应制定收费减免规定，报省（区、市）气象局主管部门批准后实施。

10）出具收费通知，收取服务费用。

11）受检防雷装置符合要求的，出具检测报告。

12）受检防雷装置需要整改的，出具整改意见；服务对象整改后重新进行检测。

13）防雷装置检测服务单位按照档案管理制度进行相关资料整理归档。单位分管领导应定期检查档案管理情况。

25. 防雷装置定期检测风险防控的措施有哪些？

答：1）安排2人以上实施，明确检测操作与数据记录分别由不同人员担当。

2）提醒相关规定及注意事项，强调工作纪律和保密要求。

3）现场勘查。

4）现场核对检测记录及相关资料。

5）复核检测资料和检测报告（检测意见）。

6）审查检测资料和检测报告（检测意见）。

7）发现篡改数据或未按规定检测的追究相关人员的责任。

8）复核计费明细。

9）审查计费明细。

10）制定收费减免规定，报上级主管部门批准后实施。

11）受理举报。

26. 防雷装置定期检测风险防控图包括哪些内容?

答:防雷装置定期检测风险防控图如图 1.3 所示。

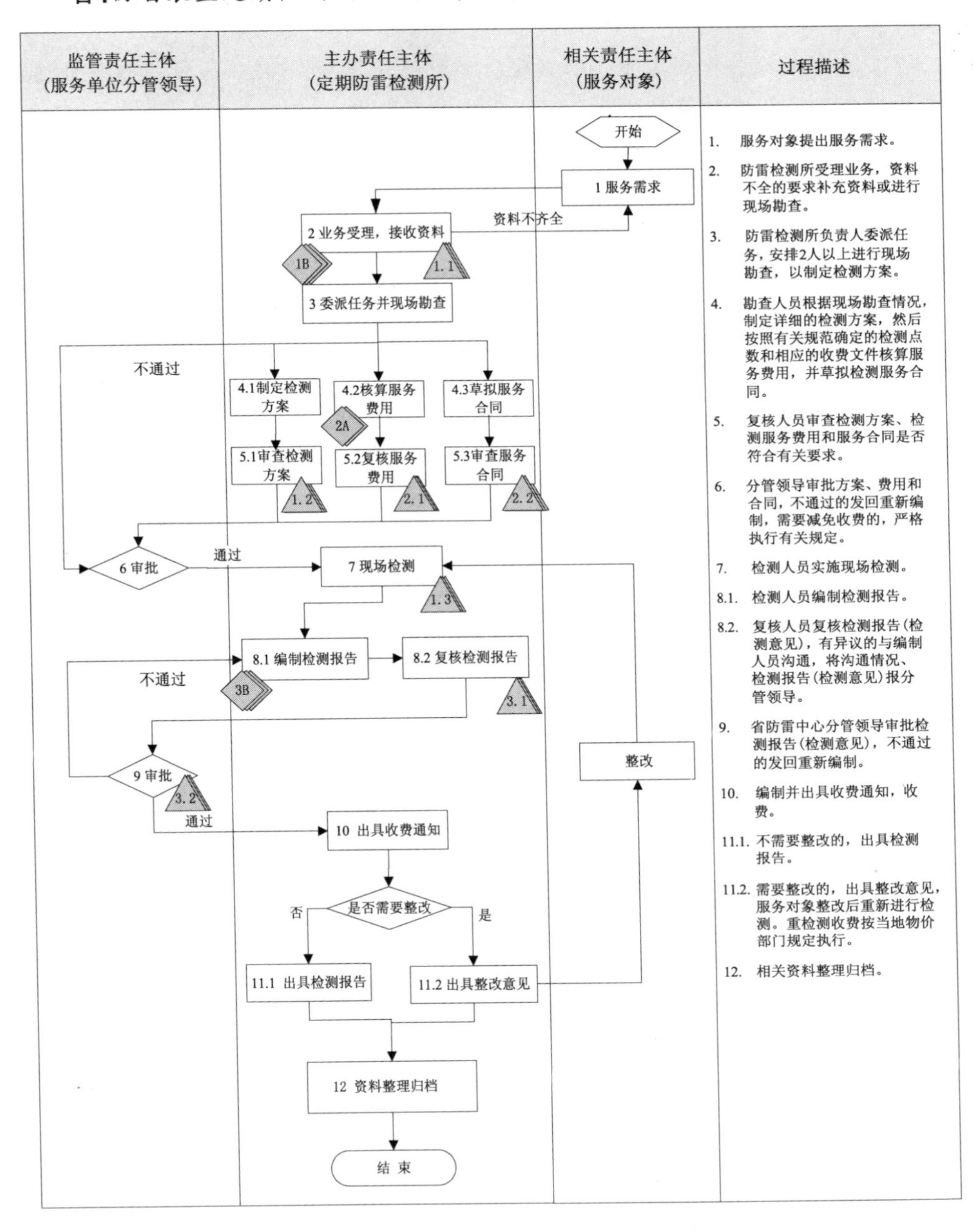

图 1.3 防雷装置定期检测风险防控图

27. 防雷工程施工管理风险防控的操作过程有哪些?

答:1)防雷工程企业与服务对象签订建设项目合同,按"合同管理"流程执行。

2)防雷工程企业技术部门根据合同和图纸资料,制订施工方案及工作计划,适时对施工过程进行技术指导与咨询。

3)防雷工程企业分管领导审签施工方案和工作计划;不通过的重新制订。

4)工程项目组根据施工方案及工作计划进行施工准备,包括设备、人员和材料准备等。

5)防雷工程企业分管领导审查施工准备情况,审查施工人员资格,明确工程施工质量和安全要求,并适时对施工过程进行检查。

6)接受业主委托办理检测业务的,企业分管领导委托具备资质的防雷装置检测单位进行跟踪检测和竣工检测。

7)项目经理组织进行现场施工,加强与防雷主管部门等单位的沟通协调并接受监督、建议,及时落实整改意见。

8)项目经理联系防雷装置检测单位对在建的防雷装置进行跟踪检测或竣工检测,检测不合格的及时整改。

9)竣工检测合格的,配合做好项目验收工作。

10)防雷工程企业按照档案管理制度进行相关资料整理归档。企业分管领导应定期检查档案管理情况。

28. 防雷工程施工管理的风险有哪些?

答:1)未按技术标准和设计方案制订施工方案。

2)施工人员不具备施工资格。

3)虚列冒领施工材料。

4)使用劣质施工材料。

5)未按照施工方案施工。

29. 防雷工程施工管理风险防控的措施有哪些?

答:1)审核施工方案与工作计划。

2)审查施工人员的资格证书。

3)明确工程施工质量和安全要求。

4)适时对施工过程进行检查。

5)第三方技术监督。

6)受理举报。

30. 防雷工程施工管理风险防控图包括哪些内容？

答：防雷工程施工管理风险防控图如图 1.4 所示。

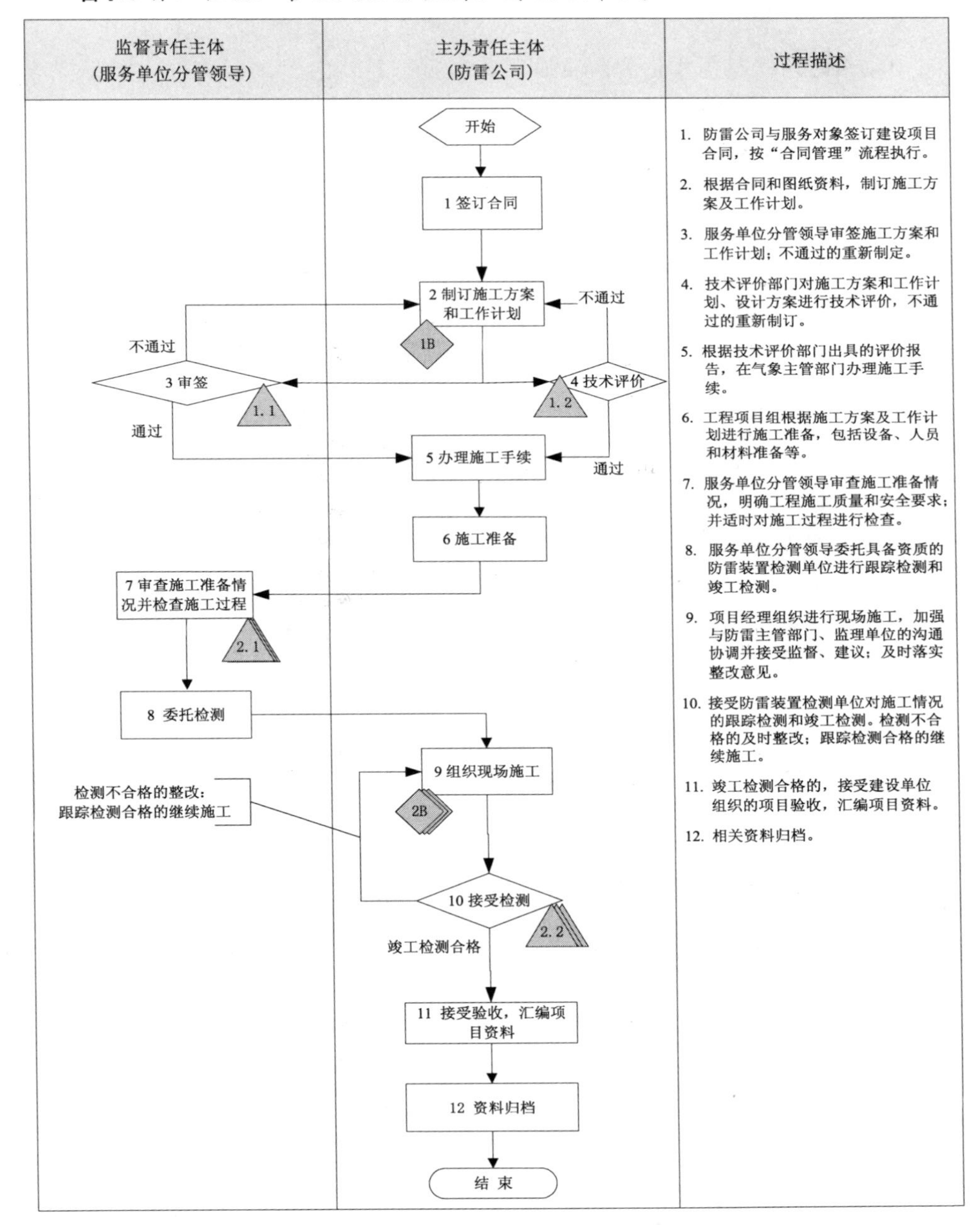

图 1.4　防雷工程施工管理风险防控图

(三)防雷业务现代化建设

31. 新时期气象现代化的内涵是什么?

答:气象现代化是一个与时俱进的动态发展过程,在不同时期、不同阶段具有不同内涵、特点和目标。气象现代化也是一个全面协调可持续的综合发展过程,涉及气象业务、服务、科技、人才、管理、文化等方面。新形势下全面推进气象现代化,就是要以科学发展观为统领,大力推进气象工作政府化、气象业务现代化、气象服务社会化,建立适应需求、结构完善、功能先进、保障有力的气象现代化体系,建立与气象现代化体系相适应的新型事业结构,全面提升气象保障全面建成小康社会的能力,不断增强气象综合实力、气象创新活力和气象工作影响力。

32. 气象业务现代化的主要任务有哪些?

答:气象业务现代化是气象现代化体系的核心和关键。要加快建设具有世界先进水平的现代气象业务体系,统筹推进公共气象服务业务、气象预测预报业务和综合气象观测业务协调发展,加快实现服务业务现代化、预报业务精准化、观测业务自动化、业务流程科学化进程,着力强化气象科技创新体系和人才体系对现代气象业务体系的支撑保障作用。

33. 湖南防雷服务现代化建设已做的项目有哪些?

答:除了在人才、管理、文化等方面加强了现代化建设外,在服务和科研方面湖南省防雷中心还开发了湖南省雷电监测预警综合业务平台、湖南省防雷检测自动生成系统、湖南省区域雷击风险评估系统三个服务平台,一个湖南省防雷廉政风险信息化管理平台,一本以湖南省防雷中心为主编制的工程建设领域中第一个国家强制性标准《农村民居雷电防护工程技术规范》(GB 50952—2013)。

34. 湖南省区域雷击风险评估系统的基本内容是什么?

答:它的主要功能模块有:权限管理、用户管理、风险评估属性设定、风险评估模块设定、项目设定、项目归档设定等子模块;含有:新建项目界面,定量、定性、非底层指标的隶属度计算界面,指标权重界面,项目地理位置及周边环境查询界面,年平均地闪密度、雷电流幅值概率分布、闪电频数逐月、闪电频数逐时统计界面,电磁环境评估、人员安全影响分析界面,电气电子系统的雷击电涌防护等级计算和分析界面,评估报告生成界面等 20 个界面。主界面如图 1.5 所示。

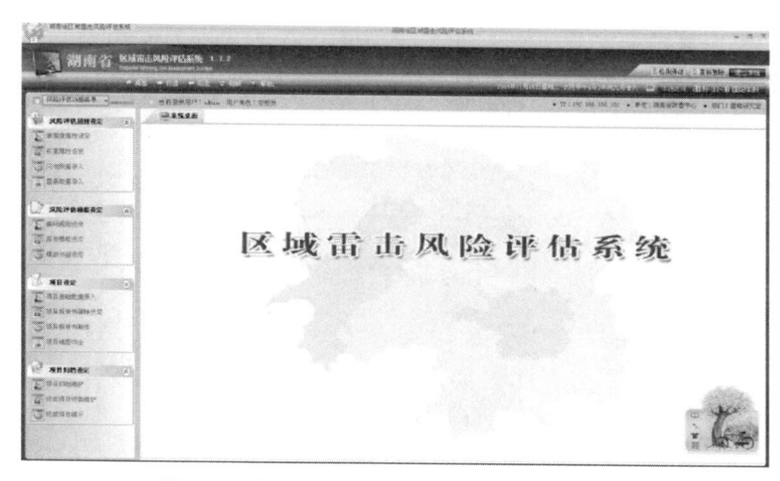

图 1.5 湖南省区域雷击风险评估系统主界面

35. 湖南省雷电监测预警综合业务平台的基本内容是什么?

答:湖南省雷电监测预警综合业务平台是在地理信息系统基础上开发的能够综合应用雷达资料、闪电定位资料、大气电场资料、卫星云图资料等气象资料,采用多参数、多算法对雷电活动进行临近预警和信息发布的软件平台。该平台的主要功能模块有:系统管理、雷电监测、上级指导产品、雷电预警预报、防雷综合数据库以及用户服务,总体界面如图 1.6 所示。

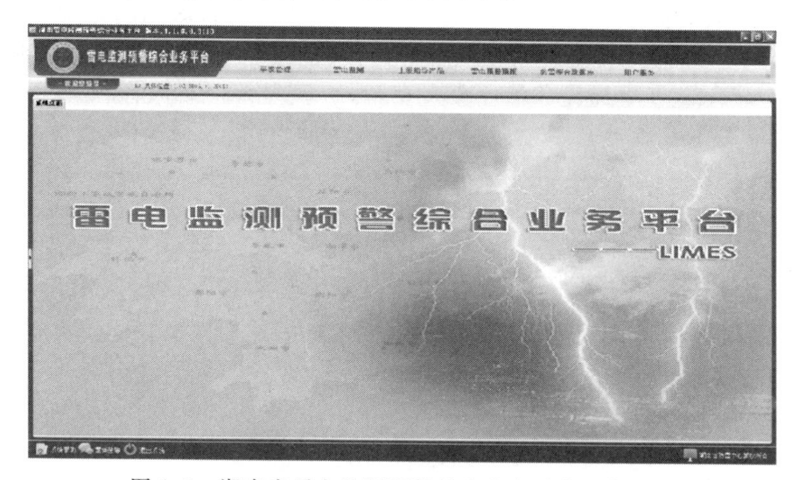

图 1.6 湖南省雷电监测预警综合业务平台总体界面

雷电监测模块实现了闪电实时态势、大气电场实时态势、雷达实时态势、卫星云图实时态势以及闪电实况反演、大气电场实况反演、雷达实况反演、卫星云图实况反演、综合实况反演等功能子模块，通过实时监测闪电的发生发展情况，判断出雷暴的移动方向及速度，能够对一些需要重点防雷的区域进行监测预警，如航空航天、风景区、易燃易爆场所等提供雷电的监测和预警，其操作界面如图1.7所示。

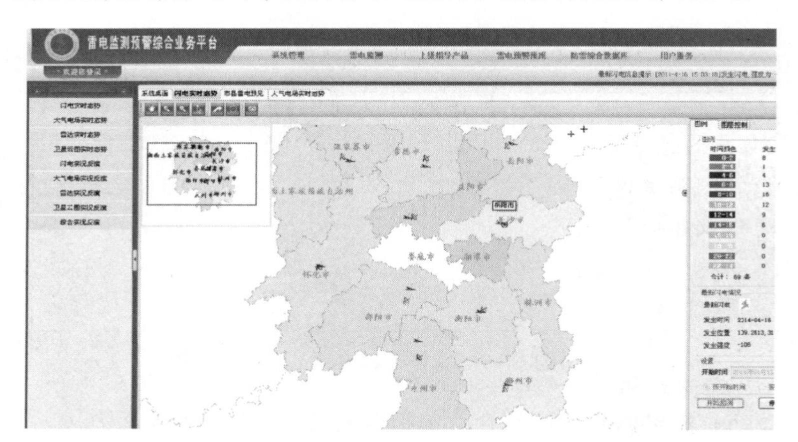

图1.7　雷电监测模块操作界面

防雷综合数据库模块实现了闪电对比分析、闪电分布、闪电统计、闪电查询、雷暴分布、雷暴查询、雷暴统计、雷灾图片浏览、雷暴方向统计、雷灾分布、雷灾对比分析、雷灾统计以及雷灾查询等功能子模块，根据需求，可以查询或统计目标区域的云地闪频次、云地闪强度以及发生位置（经、纬度信息）、陡度等信息；自动统计历年闪电逐月、逐日、逐时的活动规律并以图形的方式显示出来；同时，历年的雷灾记录资料，可根据需求统计雷灾个数、伤亡人数或者经济损失等信息，其操作界面如图1.8所示。

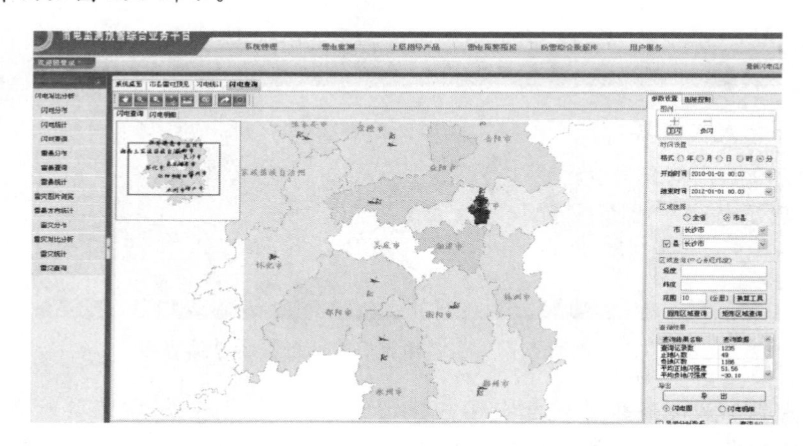

图1.8　防雷综合数据库模块操作界面

雷电预警预报模块实现了雷电短时预警、雷电危害预警、重点区域预警、雷电临近预警等功能子模块，通过实时导入各类气象探测数据，数据在预处理后通过计算分析，得到数值预警信息，然后由软件系统以图形的方式显示出来。

36. 防雷综合检测服务车集成了哪些仪器设备，具有哪些功能，主要服务对象主要包括哪些?

答:1)集成的仪器设备:大地网接地电阻测试仪、等电位测试仪、SPD(电涌保护器)测试仪、剩磁仪、多屏计算机、打印机、发电机等设备，在后续完善中还将加入应急通信设备等。

2)具有的功能:集成了防雷检测各项测试功能，实现了防雷服务自动化、规范化、集约化和信息化。

①自动化。该系统在项目现场布置好后，利用上位机进行控制，直接进行检测，数据自动存储到相应的格式单元;检测完成后，系统将生成相应的 word 文档检测报告，并进行现场打印，可以为项目方提供现场检测报告，实现了防雷检测自动化。

②规范化。该系统软件的检测项目和表格完全按照《防雷装置安全检测技术规范》(GB/T 21431—2008)等国家防雷检测规范进行设计，保证了防雷检测流程和内容的标准化。

③集约化。该系统集成了大型地网接地电阻测试仪、电涌保护器测试仪、电气导通性测试仪、雷电监测预警子系统等设备仪器，将其有机集成在一台防雷综合检测车内，能够满足防雷检测、雷灾调查、雷击风险评估现场勘测、雷电监测预警及重大雷电灾害应急服务等需求，实现了设备的集约化。

图 1.9 防雷综合检测服务车仪器操作台

④信息化。该系统利用应急服务系统，实现了与省雷电监测预警平台的数据传输，可以将现场勘察信息资料传输到省雷电监测预警平台，为公共决策服务提供现场第一手资料，也可将省雷电监测预警平台的雷电监测数据和临近雷电预警信息传输到现场，为重大雷击事故的现场调度提供依据，实现了防

雷服务的信息化。

3)主要服务对象

①在建重大建设项目:不仅可以在现场提供防雷检测技术服务,还可以利用应急通信系统提供实时的雷电监测和预警信息,在雷暴天气来临时指导项目现场防御和躲避雷击。

②重大雷击事故的调查分析:在重大雷击事故发生后,可以利用车内集成的各项仪器设备调查分析事故现场防雷装置情况、剩磁情况以及土壤电阻率等基础信息,用于分析、判断雷击原因,同时利用历史闪电监测资料验证是否为雷击事故。此外,还可以对未来雷暴活动的发生发展趋势进行分析和预测,为政府部门现场决策服务。

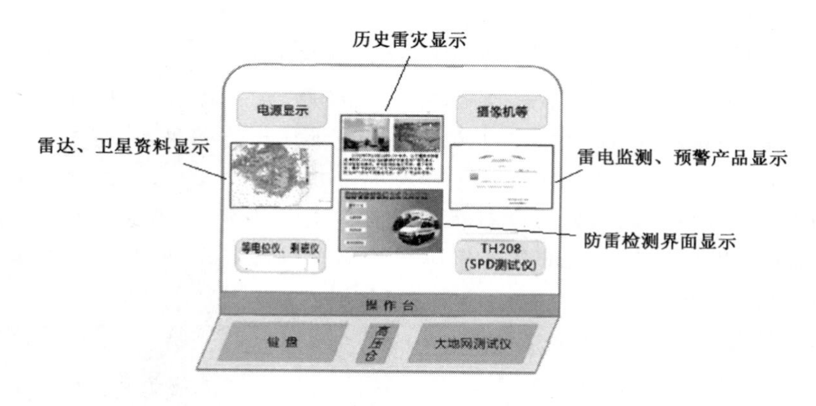

图 1.10　防雷综合检测服务仪器操作台示意图

37. 防雷综合检测服务车的使用流程有哪些?

答:1)将服务车驶入项目(或事故)所在地,该地点须具备 220V 电源。

2)将服务车后门的电源接口接入 220V 电源,然后开启服务车系统控制台电源,并启动计算机。

3)主操作技术人员点击软件系统图标进入服务系统;同时,辅助技术人员根据测试内容做好接地电极和测试线的布置、等电位测试点的选择以及剩磁样本的采集等工作。

4)辅助准备工作完成后,按照软件系统的要求进行操作,测试各类数据,数据将自动保存至软件数据库中。

5)测试工作完成后,打印现场检测报告,并签字确认。

6)关闭计算机和测试仪器,然后再断开系统电源,回收整理辅助设备,完成检测。

图 1.11 防雷综合检测服务车施工现场服务

38. 防雷综合检测服务车内的设备与目前湖南省防雷中心日常检测用的设备有哪些不同？

答：1)防雷综合检测服务车内的接地电阻测试仪可以用于测试大型接地网的接地电阻、大型区域的等效土壤电阻率，该设备采用的同频锁相法技术可以有效地降低低电流的干扰，提高测试精度。

2)SPD 测试仪采用了高压隔离舱的设计，可以有效降低操作人员触电的风险，并提高测试点与 SPD 测试端的接触效果。

除仪器设备的不同以外，该服务系统最大特点是实现了检测数据处理、分析和存储的自动化与信息化，有效减少人工书写笔误等情况发生的可能性，提高了检测效率和准确性。

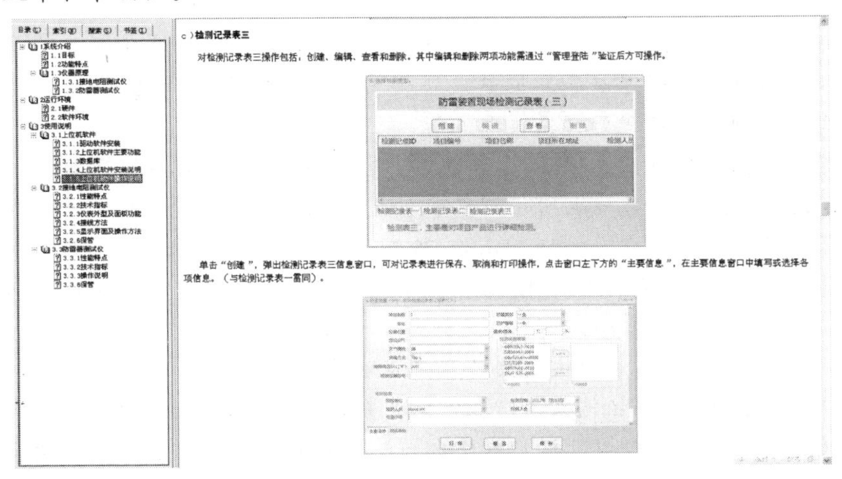

图 1.12 防雷综合检测服务车内设备检测数据处理界面

39. 防雷综合检测自动生成与现场应急指挥系统包含哪几个模块,各模块主要功能是什么?

答:系统主要包括四个模块,如图1.13所示分别是:系统介绍模块、相关标准规范模块、测试检测模块和气象服务产品模块。

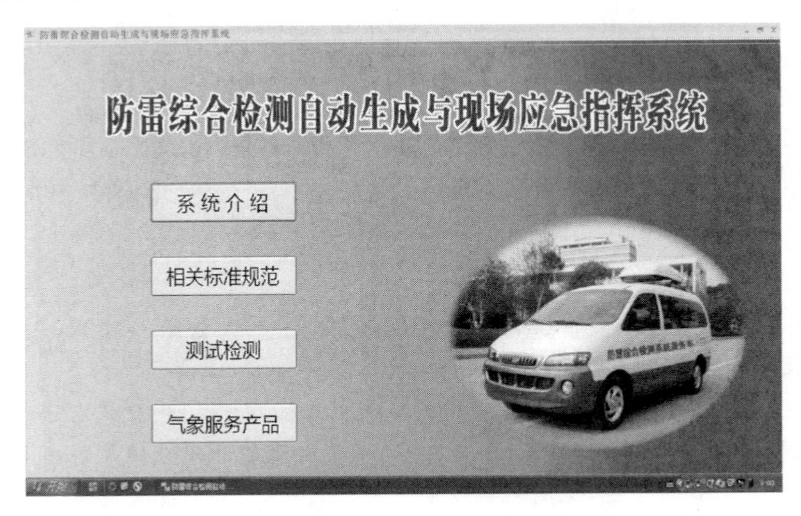

图1.13 防雷综合检测自动生成与现场应急指挥系统主界面

1)系统介绍模块:该模块主要将系统所有的功能,各类硬件、软件以及相互之间的架构原理等进行介绍,且对系统的使用说明进行了非常详细的叙述,初次用该系统的检测人员可以通过该模块先进行学习,掌握基本的使用方法。

2)相关标准规范模块:该模块将防雷检测工作相关的标准规范(如建筑物、易燃易爆、石化等行业和部门)存入到标准库中,方便检测人员在进行防雷检测时如果遇到对方质疑可以从系统中找到相应条款向对方解释说明,同时也可为新上岗的检测人员在现场提供技术支持。

3)测试检测模块:该模块是本系统的核心模块,检测内容包括项目基本信息记录,施工工艺检查、接地电阻值测量和SPD部分性能测试等,在现场可将各项检测数据实时自动生成现场检测报告;检测数据统一入库,便于查询、处理及后期相关研究;通过各项查询设计,使管理者对已检、待检等项目的详细信息全面掌握。

4)气象服务产品:该模块主要内容包括湖南省闪电定位、雷达、大气电场等监测网络布置情况,凸显气象部门在雷电研究方面的科研能力,同时该模块还集成了历史雷电灾害情况以及近期的雷电监测、预警产品,可以在现场为被检测方演示,提升气象部门防雷技术服务形象。

40. 防雷综合检测自动生成系统的成果与应用情况如何？

答：2012 年起湖南省防雷中心根据多年防雷检测经验，经过多方调研，研发了防雷综合检测自动生成系统。该系统通过湖南省科技信息所查新检索，为全国首个集数据自动采集、分析、管理的综合检测系统。该系统软件取得了计算机软件著作权和实用新型专利证书，并获得 2013 年度湖南省气象科学技术开发奖。系统自 2013 年开始应用于如长沙市地铁、岳阳洞庭湖大桥、望城天空之城以及长沙市梅溪湖国际文化艺术中心等大型、重点项目，取得了良好的测试效果，受到项目方的好评。2013 年底，本系统在湘西自治州气象局应用推广，并应用于湘西矮寨大桥的防雷检测，受到央视、湖南卫视等媒体的关注。

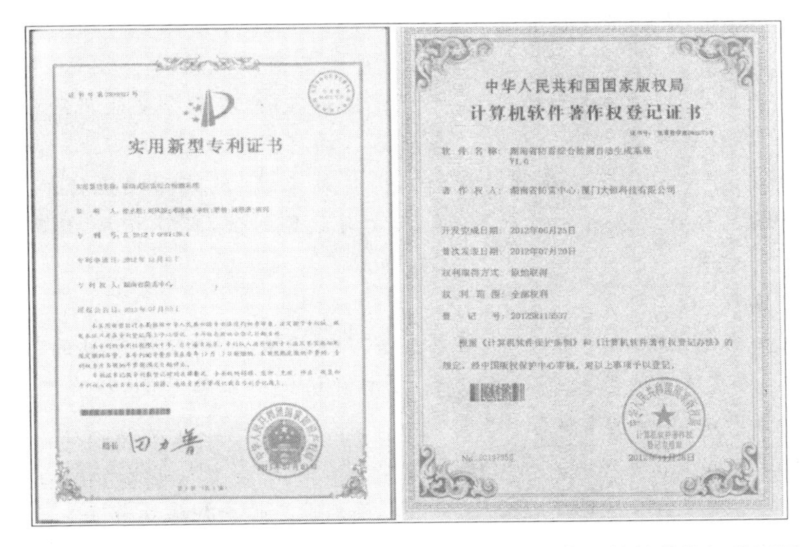

实用新型专利证书

中华人民共和国国家版权局

计算机软件著作权登记证书

开发完成日期：2012年06月25日

首次发表日期：2012年07月20日

权利范围：全部权利

图 1.14　系统专利证书　　　图 1.15　系统计算机软件著作权登记证书

图 1.16　央视对湘西防雷检测车在矮寨大桥的检测进行了报道

41. 湖南省雷电防护技术服务系统廉政风险防控信息化平台基本内容是什么?

答: 1)系统简介

为深入贯彻落实中国气象局党组《气象部门2013年廉政风险防控工作方案》和湖南省气象局《湖南省气象部门2013年廉政风险防控工作实施方案》,进一步规范防雷技术服务行为,优化防雷工作流程,从源头上防治腐败,增强预防腐败工作实效,促进该项工作廉洁、高效、优质。由湖南省气象局监审处和湖南省防雷中心共同自主研发雷电防护技术服务系统—廉政风险防控信息化平台。

该平台按照“一个平台受理、项目分步审核、结果层层把关”的要求,将各项防雷技术服务项目全部纳入廉政风险防控信息管理,实现所有的技术服务项目按照业务防控要点层层审批。该系统的设计配套廉政风险防控操作流程,每个环节都能做到查询和反查询功能,每个节点提示风险,将每个廉政风险防控点以图形化、文字化或者图标警示提醒。每一环节均有操作权限,只有上一环节的操作权限通过,才可进行下一步骤的操作。项目结束后《风险防控执行单》能体现每个动作的具体操作人和操作时间,真正做到监督到位,环环相扣,达到信息化管理的预期效果。

2)总体目标

实现防雷装置设计技术评价、雷电灾害风险评估、新建建设项目的防雷装置跟踪检测、防雷装置定期检测防雷检测、技术评价统一工作平面,提高工作效率、实现信息资源共享和分级权限操作。

及时反映各类技术服务项目的情况及统计信息,实现各项业务流程和节点动态化定位、跟踪,实现各类业务工作智能化管理、各项技术服务和报告书规范化管理。

实现雷电防护技术服务廉政风险防控管理,监督到位。

动态化的设计,可根据业务需求随意调整流程等,满足向全国各级防雷技术服务机构推广。

3)系统结构

①系统主界面

系统采用C/S管理,采用客户端、服务器集中管理形式,支持Windows XP SP2、Windows7。

廉政风险防控各个具体事项的“一图、一表、一单、一规程、一制度”进一步完善,并全部纳入到信息化管理平台。

②系统构架

系统分为七大模块,包含三十个子模块,业务项目管理采用点到点流转任务,各级审批。防雷廉政风险信息化平台系统构架如图1.18所示。

图 1.17 湖南省防雷廉政风险防控信息化平台主界面

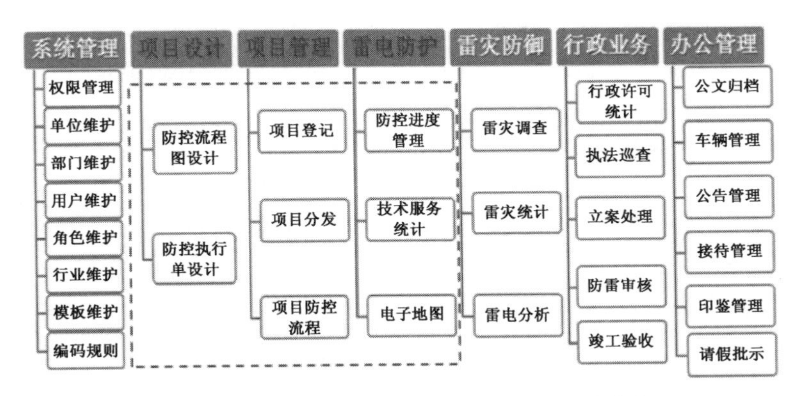

图 1.18 防雷廉政风险防控信息化平台系统构架

③功能模块举例

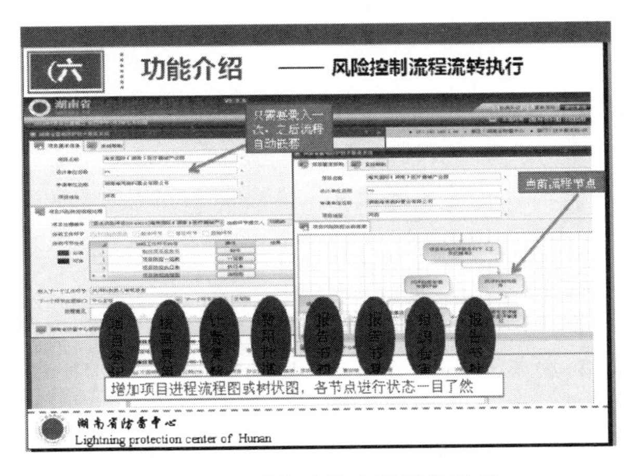

图 1.19 系统功能介绍模块界面

42.《农村民居雷电防护工程技术规范》基本内容是什么?

答:2010年湖南省防雷中心向中华人民共和国住房和城乡建设部提出了《农村民居雷电防护工程技术规范》的立项申请。依据《2011年工程建设标准规范制定、修订计划》(住房和城乡建设部建标函〔2011〕17号)的要求,住建部同意了国家标准《农村民居雷电防护工程技术规范》(简称《规范》)立项申请,并定于起止时间为2011年5月至2012年10月。标准的制定工作由住房和城乡建设部、中国气象局负责管理,湖南省防雷中心负责主编。

编制组认真调研了近年来农村民居的防雷现状以及全国各地农村民居的规模、特点,分析总结了各地区农村民居雷电防护工程存在的问题,使《规范》具有很强的适用性。

为下延国家标准《建筑物防雷设计规范》(GB 50057—2010)中防雷建筑物的范围,本规范在其基础上,划分出"一般农村民居防雷建筑物"。

本规范确定的"一般农村民居防雷建筑物"范围是:

①预计雷击次数大于或等于0.013次/a且小于0.05次/a的农村民居。

②在平均雷暴日大于15d/a的地区,高度在10m及以上且低于15m的农村民居;在平均雷暴日小于或等于15d/a的地区,高度在15m及以上且低于20m的农村民居。

③曾遭受过雷击的农村民居及其周边60m范围内的农村民居。

在严格执行国家强制性标准《建筑物防雷设计规范》(GB 50057—2010)的基础上,侧重于解决农村民居防雷设计施工的实际问题,从钢筋混凝土结构和钢结构到砖石、砖瓦和竹木的结构专项内容设计到工程施工,可有效地解决农村民居对于雷电防护安全的应用需要,且施工便于操作,能减轻或避免因雷击建筑物而造成的人身伤亡和财产损失,可以对农村民居的雷电防护措施起到指导和规范的作用。通过规范农村民居的雷电防护设施,加强规范新农村建设基础设施,有望逐年减少农村雷灾事故,为农民住宅的防雷安全提供技术保障。

UDC

中华人民共和国国家标准 GB

P GB 50952－2013

农村民居雷电防护工程技术规范

Technical code for lightning protection engineering for rural residential areas

2013－12－19 发布 2014－07－01 实施

中华人民共和国住房和城乡建设部
中华人民共和国国家质量监督检验检疫总局 联合发布

图1.20 农村民居雷电防护工程技术规范

第二部分
防雷业务技术服务

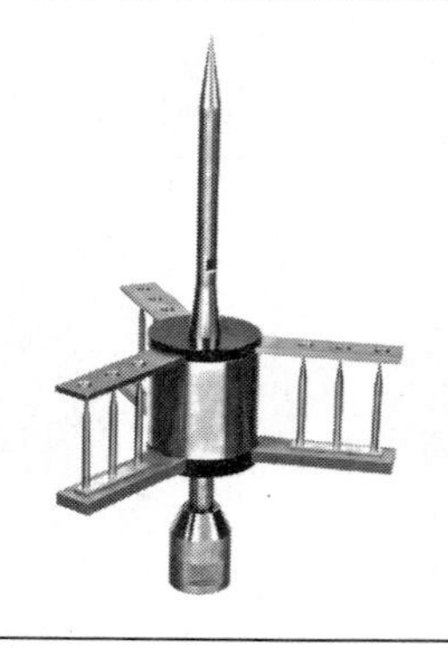

一、雷电基础

1. 雷电的类型有哪些？
2. 雷电是怎样形成的？
3. 什么是雷电流？表征雷电流有哪些参数？
4. 雷电的危害途径有哪些？
5. 什么是闪电静电感应和闪电电磁感应？
6. 闪电电涌侵入是指什么？
7. 什么是跨步电压和接触电压？
8. 什么叫雷电反击？如何消除反击现象？
9. 我国平均年雷暴日的分布特点是什么？

1. 雷电的类型有哪些?

答:雷电,也就是我们通常所说的闪电,它是积雨云中不同符号荷电中心之间的放电过程、或云中荷电中心与大地或地物之间的放电过程、或云中荷电中心与云外大气不同符号荷电中心之间的放电过程。

1)根据闪电发生的空间位置分类

①云闪:不与大地和地物发生接触的闪电,包括云内闪电、云际闪电和云空闪电。

②地闪:云内荷电中心与大地或地物之间的放电过程,亦指与大地或地物发生接触的闪电。

2)根据闪电的形状分类:线状闪电、带状闪电、链珠状闪电和球形闪电。

3)根据闪电电流方向分类

①正地闪:云内的正电荷向地面输送的放电过程。

②负地闪:云内的负电荷向地面输送的放电过程。

4)根据闪电发生前期的先导方向分类

①向下先导:由云向下地面发展的先导。

②向上先导:由地面向云中发展的先导形式。

2. 雷电是怎样形成的?

答:雷电是大气中的一种放电现象,产生于带电的积雨云中,积雨云在形成过程中,某些云团带正电荷,某些云团带负电荷。它们对大地的静电感应,使地面或建(构)筑物表面产生异性电荷,当电荷积聚到一定程度时,不同电荷云团之间,或云与大地之间的电场强度可以击穿空气(一般为 25~30 kV/cm),开始游离放电,我们称之为"先导放电"。云对地的先导放电是云向地面跳跃式逐渐发展的,当到达距离地面 50 m 左右(地面上的建筑物,架空输电线等)时,便会产生由地面向云团的逆导主放电。在主放电阶段里,由于异性电荷的剧烈中和,会出现很大的雷电流(一般为几十至几百 kA),并随之发生强烈的闪电和巨响,就形成了雷电。

3. 什么是雷电流? 表征雷电流有哪些参数?

答:雷电流是指直接雷击时,通过被击物体(接闪杆、输电线、树木或其他物体),而泄入大地的电流。雷电流在流通过程中,变化是很大的,它可以在开始的几个微秒内达到最大值(几十 kA 或以上),然后慢慢降低,约在几十到上百微秒内降到 0。所以,我们也称雷电流为冲击电流。表征雷电流的参数有:

1)雷电流幅值:雷电流达到的最大瞬间值,单位 kA。

2）雷电流波头和波长：波头是雷电流由零上升到最大值所用的时间，用微秒表示。波长是雷电流由零上升到最大值，然后再由最大值下降到最大值一半所用的时间。

3）雷电流陡度：由波头时间和幅值所决定的雷电流上升至波头的变化速率，单位 kA/μs。

4）雷电流极性：雷电基本属于静电范畴，因此，它有正负极性之分。大量资料表明，75％～90％的雷电流是负极性，其余为正极性。

4. 雷电的危害途径有哪些？

答：雷电的危害途径有：

1）建（构）筑物、天线、人畜遭受直接雷击。

2）电源供电线路在远端遭受直接或感应雷击，强大的电流沿供电线路进入设备。

3）有线通信线路在远端遭受直接或感应雷击，强大的电流沿通信线路进入设备。

4）网络数据线路在远端遭受直接或感应雷击，强大的电流沿网络线路进入设备。

5）雷击发生在 1000 m 范围内时（包括邻近建筑物接闪杆接闪或云中放电）产生电磁辐射。

6）建筑物、附近的接闪杆、带遭受雷击或雷电直接击中附近树木或地面时，电流由地线引入设备。

7）雷电直击于大地上的建筑物所产生电磁感应和闪电电涌侵入。

5. 什么是闪电静电感应和闪电电磁感应？

答：1）闪电静电感应：由于雷云先导的作用，使附近导体上感应出与先导通道符号相反的电荷，雷云主放电时，先导通道中的电荷迅速中和，在导体上的感应电荷得到释放，如不就近泄入地中就会产生很高的电位。

2）闪电电磁感应：由于雷电流迅速变化，在其周围空间产生瞬变的强电磁场，使附近导体上感应出很高的电动势。

6. 闪电电涌侵入是指什么？

答：由于雷电对架空线路、电缆线路或金属管道的作用，雷电波，即闪电电涌，可能沿着这些管线侵入建筑物内，危及人身安全或损坏设备。

7. 什么是跨步电压和接触电压？

答：跨步电压是指与地面接触的两脚上由于地面电位不同而形成的电压。当雷电流经地面雷击点或接地体，流散入周围土壤时，在它周围形成电压降落。如果有人在接地体附近行走，就会受到雷电流所造成的“跨步电压”的危害。跨步电压对于赤脚或穿湿布鞋的人特别危险。

接触电压是指与遭雷击物体相接触时产生的电压。当雷电流经引下线和接地装置时，会产生较高的电势，这种电势有时高达几万伏，甚至几十万伏。这时如果有人或牲畜接触，就会受到雷电流所产生的“接触电压”的危害。必须注意，不仅仅是在引下线和接地装置才发生接触电压，当某些金属导体与防雷装置连通，或者这些金属导体与防雷装置的绝缘距离不够，受到反击时，也会出现这种现象。

为了保证人和畜牧的安全，可将引下线和接地装置尽可能安装在人畜不易接触的地方，并在可能的条件下将引下线在人易接触到的部位，加以绝缘或隔离起来，以确保安全。

8. 什么叫雷电反击？如何消除反击现象？

答：雷电反击通常指遭受直击雷的金属体（包括接闪器、接地引下线和接地体），在接闪瞬间与大地间存在着很高的电势，高电势部位对与大地连接的其他金属物品发生放电的现象，又叫闪络。此外，当雷击到树上时，树木上的高电压与它附近的房屋、金属物品之间也会发生反击。要消除反击现象，通常采取两种措施：一是作等电位连接，用金属导体将两个金属导体连接起来，使其接闪时各金属处于相同的电位；二是两者之间保持一定的距离。

9. 我国平均年雷暴日的分布特点是什么？

答：1）东经105°以东地区的平均年雷暴日随纬度减小而递增，但长江以北地区这一变化趋势并不明显，而长江以南地区这一变化趋势较为明显。

2）东南沿海地区的平均年雷暴日偏低于离海岸稍远地区的数值，而小岛屿的平均年雷暴日又偏低于同纬度沿海地区的数值。此外，江湖流域、河谷平原和河谷盆地的平均年雷暴日往往偏低于同纬度其他地区。

3）新疆维吾尔自治区、甘肃省和内蒙古自治区的广大沙漠和戈壁滩地区以及青海省柴达木盆地等地区，因气候干旱，平均年雷暴日较低，一般不超过10 d，是我国平均年雷暴日最低的地区。

4）地势较高、地形复杂的山岳地区，平均年雷暴日往往偏高于同纬度地区的数值。华南和云南南部地区是我国平均年雷暴日最高的地区，其中云南南部达80 d以上。

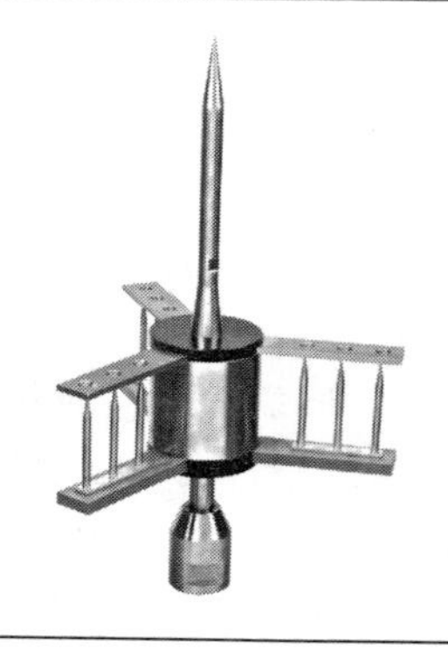

二、雷电业务

1. 雷电基本监测方法和具体技术有哪些？
2. 什么是雷电立体监测网？
3. 雷电预警基本数据来源与方法有哪些？
4. 雷电监测、预警服务应遵循怎样的流程？
5. 雷电监测预警服务产品的表现形式有哪几种？
6. 如何实现雷电预警和预报？
7. 雷电监测、预警服务对象是哪些？
8. 雷电预警等级和时效是什么？防御指南有哪些？
9. 雷电监测、预警专题服务是指什么？
10. 雷电专项服务产品包括哪些内容？
11. 雷电灾害专报及服务对象指什么？
12. 湖南省雷电重大气象信息专报基本内容有哪些(举例说明)？

1. 雷电基本监测方法和具体技术有哪些?

答:雷电监测方法有目测、照相、电场仪、闪电计数器光谱仪、脉冲电压记录仪、卫星闪电探测、声探测、雷达探测等。

目前,我国主要对地闪进行监测。雷电探测技术方法、原理及特点如表 2.1 所列。

表 2.1 雷电探测技术方法、原理及特点

<table>
<tr><th colspan="2">类别</th><th>技术方法</th><th>技术原理</th><th>特点</th></tr>
<tr><td rowspan="5">地基探测技术</td><td rowspan="3">甚低频
(VLF/LF)
定位技术</td><td>磁定向法
(MDF)</td><td>采用一对南北方向和东西方向垂直放置的正交环磁场天线测定闪电发生的方位角,比较两个环天线上感应的信号的幅度和极性即可求出磁场的水平方向。</td><td rowspan="3">a. 探测范围大
b. 以探测地闪为主
c. 需要组网</td></tr>
<tr><td>时差法
(TOA)</td><td>采用闪电电磁脉冲到达不同测站的时间差,两站之间得到一个时间差可以构成一条双曲线,另外两站之间也有一个时间差可以构成另一条双曲线,两条双曲线的交点即为闪电回击位置。</td></tr>
<tr><td>IMPACT
(MDF 和 TOA 的综合)</td><td>鉴于磁定向法闪电定位系统定位误差较大,时差法又必须至少有三个探测站才能定位,将二者联合起来,形成时差测向混合闪电定位系统,它的原理是:每个探测站既探测回击发生的方位角,又探测回击辐射的电磁脉冲波形到达的精确时间。</td></tr>
<tr><td rowspan="2">甚高频
(VHF)
定位技术</td><td>时差技术
(VHF/TOA)</td><td>通过确定闪电辐射到达两个或几个相距很远的接收机的时间差来确定辐射源的位置。</td><td rowspan="2">a. 定位精度较高
b. 时间分辨率较高
c. 探测云闪和地闪</td></tr>
<tr><td>干涉技术
(VHF/IFT)</td><td>通过快速傅里叶变换得出信号到达不同天线的相位差,然后利用相位差计算入射信号与相应基线的夹角,最后计算得出方位角和仰角。</td></tr>
<tr><td rowspan="3">星载探测技术</td><td rowspan="2">星载光学探测技术</td><td>极轨非太阳同步卫星上搭载光学瞬态探测器(OTD)</td><td>搭载在极轨非太阳同步卫星上,垂直向下观测雷暴云中闪电发出的强烈的光脉冲。</td><td></td></tr>
<tr><td>极轨非太阳同步卫星上搭载闪电成像传感器(LIS)</td><td>搭载在极轨非太阳同步卫星上,垂直向下观测雷暴云中闪电发出的强烈的光脉冲。</td><td></td></tr>
<tr><td>星载甚高频探测技术</td><td></td><td>利用 GPS 卫星系列,搭载类似人工卫星 FORTE 上的 VHF 接收机,利用 DTOA(达到时间差)技术,实现全球闪电的定位检测。</td><td></td></tr>
</table>

2. 什么是雷电立体监测网？

答：指由新一代天气雷达、闪电定位仪、大气电场仪等组成的雷电监测网，可监测实时闪电、雷达回波及小区域雷暴云电荷积累过程的电场变化信息。

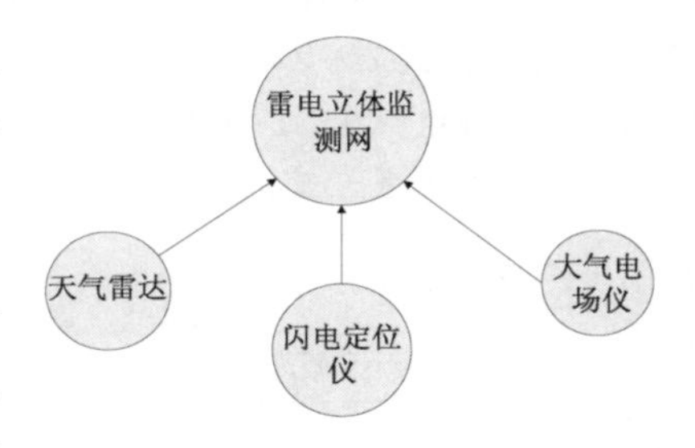

图 2.1 雷电立体监测网示意图

闪电定位仪组网，对闪电发生情况进行监测，具有全天候监测、探测精度高等优点。从理论上讲，其核心是通过多个探测仪同时测量闪电回击辐射的电磁场来确定闪电源的电流参数，包括放电时间、发生的位置、强度峰值、波形陡度值、陡点时间、放电电荷等。

3. 雷电预警基本数据来源与方法有哪些？

答：雷电预警是根据雷达、卫星、大气电场仪和闪电定位仪等实时观测资料，给出的未来 0—6 h 雷电预警，内容可分为发生概率、重点区域预警以及雷电危险度等级预警等。预警所需基本数据来源包括雷达资料、闪电定位资料、大气电场资料、卫星云图资料等气象资料。通过交叉相关外推等多种算法得到雷电临近预警方法，结合服务对象本身特点进行修正，生成相应服务产品。

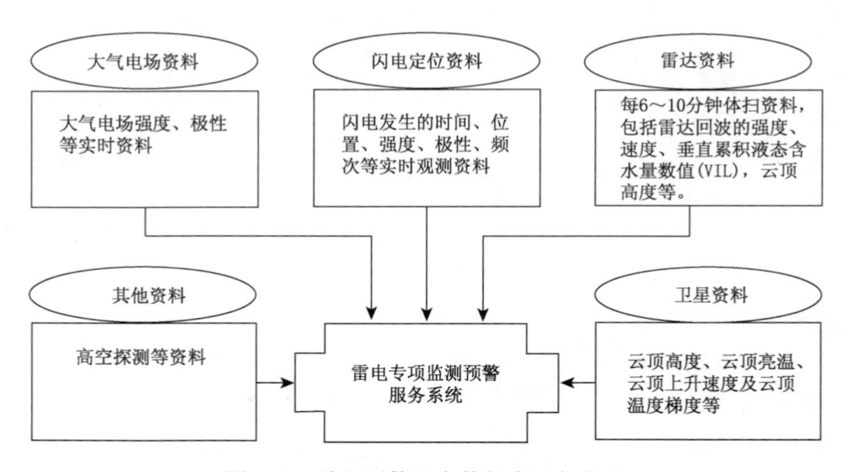

图 2.2 雷电预警基本数据来源与方法

4. 雷电监测、预警服务应遵循怎样的流程？

答：雷电监测、预警服务流程图如图 2.3 所示。

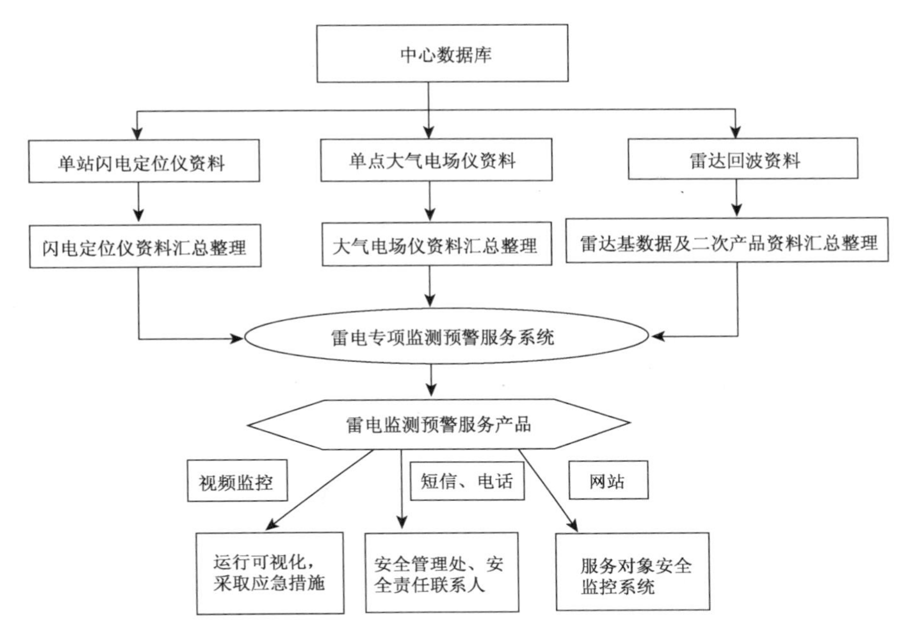

图 2.3 雷电监测、预警服务流程图

5. 雷电监测预警服务产品的表现形式有哪几种？

答：雷电预警产品是在雷电预警过程中，专业人员制作的向公众发布的不同形式的雷电预警信息。通常有雷电预警系统能够以多种形式表现雷电临近预警结果。其中有面向公众气象服务需求的产品，如雷电发生概率预报产品，即每个数值地图格点区域在预警时段内发生雷电活动的概率；雷电活动区域移动趋势预报产品，给出有可能发生或已经发生闪电的区域位置、移动方向和速度。另外，为了满足一些重要工程、重大社会活动等对雷电预警服务的专项气象服务的需求，还可以提供重点区域雷电发生概率预报产品。用户可以设置重点区域的个数、位置和大小，预警系统会根据雷电发生概率预报的结果给出各重点区域内发生雷电活动的概率。

雷电监测预警服务产品包括雷电监测产品、雷电短时概率预警产品（0—2 h）、雷电监测公报（月、季、年报）。

6. 如何实现雷电预警和预报？

答：由于雷电天气过程发展迅速，针对雷电的预警预报存在着极大的困难。在雷电预警预报方面，主要有利用中尺度观测资料与数值预报模式产品进行的雷电潜势预报，利用雷达、卫星、大气电场和闪电定位等资料进行的雷电临近预警。

雷电潜势预报也就是雷暴的潜势预报。要求通过利用综合手段实现对未来0—12 h特定区域内雷电或雷暴出现的概率进行预报。

通常的雷电潜势预报的制作，目前有三种基本的方式，一是通过对流形势的分析，结合历史资料，给出强对流天气的预报及雷暴的预报。二是利用数值模式，通过输入探空的站点数据，利用二维雷暴云起电、放电模式来计算未来0—12 h的雷电发生概率。三是利用探空资料和数值预报产品，实现对强对流天气和雷暴的预报。

雷电临近预警是指根据实时观测资料，如雷达、卫星、闪电定位仪以及大气电场仪观测数据等，给出的未来0—2 h内的雷电天气预报，包括0—2 h雷电发生概率、重点区域预警以及雷电危险度等级预警等。

7. 雷电监测、预警服务对象是哪些？

答：雷电预警是根据雷达、卫星、大气电场仪和闪电定位仪等实时观测资料，给出的未来0—6 h雷电预警，内容可分为发生概率、重点区域预警以及雷电危险度等级预警等。

一般将雷电预警服务对象分为公众和雷电敏感用户两类。公众雷电预警服务主要是在雷电天气过程中为省、市、县、乡、村五级防汛责任人、交通信息指挥人员、各级领导和相关部门安全责任人提供雷电监测、预警服务，以保障人员及财产安全。

雷电敏感用户对象包括易燃易爆行业、电力、通信、轨道交通、旅游景区、大型企业、高尔夫球场等，服务内容包括预警时效、预警范围、雷电活动移动趋势、雷电活动生消或发展趋势等。

8. 雷电预警等级和时效是什么？防御指南有哪些？

答：雷电预警信号分三级，分别以黄色、橙色、红色表示。

1)雷电黄色预警信号

标准：6小时内可能发生雷电活动，可能会造成雷电灾害事故。

防御指南：

①政府及相关部门按照职责做好防雷工作。

②密切关注天气，尽量避免户外活动。

2)雷电橙色预警信号

标准：2小时内发生雷电活动的可能性很大，或者已经受雷电活动影响，且可能持续，出现雷电灾害事故的可能性比较大。

防御指南：

①政府及相关部门按照职责落实防雷应急措施。

②人员应当留在室内，并关好门窗。

③户外人员应当躲入有防雷设施的建筑物或者汽车内。

④切断危险电源，不要在树下、电杆下、塔吊下避雨。

⑤在空旷场地不要打伞，不要把农具、羽毛球拍、高尔夫球杆等扛在肩上。

3)雷电红色预警信号

标准：2小时内发生雷电活动的可能性非常大，或者已经有强烈的雷电活动发生，且可能持续，出现雷电灾害事故的可能性非常大。

防御指南：

①政府及相关部门按照职责做好防雷应急抢险工作。

②人员应当尽量躲入有防雷设施的建筑物或者汽车内，并关好门窗。

③切勿接触天线、水管、铁丝网、金属门窗、建筑物外墙，远离电线等带电设备和其他类似金属装置。

④尽量不要使用无防雷装置或者防雷装置不完备的电视、电话等电器。

⑤密切注意雷电预警信息的发布。

9. 雷电监测、预警专题服务是指什么?

答:国家法定假日、中(高)考期间及重大活动举办期间遇有雷电天气，应当向当地政府及相关部门提供雷电监测、预警跟踪服务。

10. 雷电专项服务产品包括哪些内容?

答:雷电专项服务产品服务对象包括易燃易爆行业、电力、通信、轨道交通、旅游景区、大型企业、高尔夫球场等，服务内容包括预警时效、预警范围、雷电活动移动趋势、雷电活动预计生消或发展、预警发布时间、预警签发人、用户单位安全责任人或联系人等。

比如为机场提供以保障飞机起降安全的专项服务产品，应当根据机场调度塔台所要求的时效进行提供，如2013年9月9日发布某机场雷电专项预警服务产品："目前超过35 dBZ的强雷暴云正从机场西北方往东南方向移动，移速约30 km/h，预计未来30分钟某机场所在区域15 km范围内将有较强雷电活动发生，持续约1 h，请机场塔台做好合理调度航班起降，减少旅客滞留。"

11. 雷电灾害专报及服务对象指什么？

答：遇强雷电天气过程结束，迅速收集灾情，完成雷电灾害专报，包括指定时段雷电统计及分析，雷电灾害发生地点及成因分析，防御指南和建议等内容，2日内专报制作并提供给当地政府和相关领导、相关部门，不定期制作。

12. 湖南省雷电重大气象信息专报基本内容有哪些(举例说明)？

答：

重大气象信息专报

湖南省气象局　　　　第　12　期　　　　签发：

今年以来我省雷电活动频繁 雷电灾害明显减少
雷击伤亡主要发生在农村 需加强农村防雷能力建设

一、今年以来我省雷电活动为2006年开展监测以来最频繁

今年以来(截至8月17日)，我省共监测到闪电480210条，为2006年开展全省雷电监测以来最多，达到往年平均值的2.24倍。长沙西部、益阳南部、娄底、湘潭、邵阳东部、衡阳、株洲、郴州北部等地闪电尤为密集。

二、2009年以来雷电灾害呈明显下降态势

据统计，2014年至今我省已发生雷电灾害73起，造成14人死亡，10人受伤，经济损失500万元。

2009年以来，我省因雷电灾害造成人员伤亡、财产损失明显减少。今年雷电活动最为频繁，但造成的经济损失为2006年以来最少，人员伤亡数量也明显少于往年平均值(见附图)。

近年来由于我省各级政府的高度重视，通过为旅游点、中小学校、易燃易爆场所、各类重要建(构)筑物、地铁等开展雷电监测、雷击风险评估、防雷安全装置的设计安装及跟踪检测、防雷工程建设工作，明显提升了雷电灾害综合防御能力。

三、雷击造成的伤亡事故主要发生在农村

今年以来全省因雷击造成14人死亡，大部分发生在农村(12人)。7月25日道县营江乡正在田地里务农的3人遭雷击死亡，8月6日临武县2人遭雷击死亡。

（续上页）

造成农村雷电灾害多发的主要原因，一是农田附近缺乏必要的避险场所，二是农村的各类建(构)筑物缺少雷电防护措施。

四、大力加强农村雷电灾害防御能力建设

一是开展雷电灾害多发区域的调查分析，制定雷电灾害防御方案，针对雷电灾害高发区域开展防雷工程建设。

二是根据国家标准规范，加强农村住宅、中小学校等各类建(构)筑物防雷安全建设和雷电灾害多发区域避险设施的建设。

三是加强雷电监测、预警信息应用及雷电灾害科普知识宣传，提高公众雷电灾害防御意识和避灾能力。

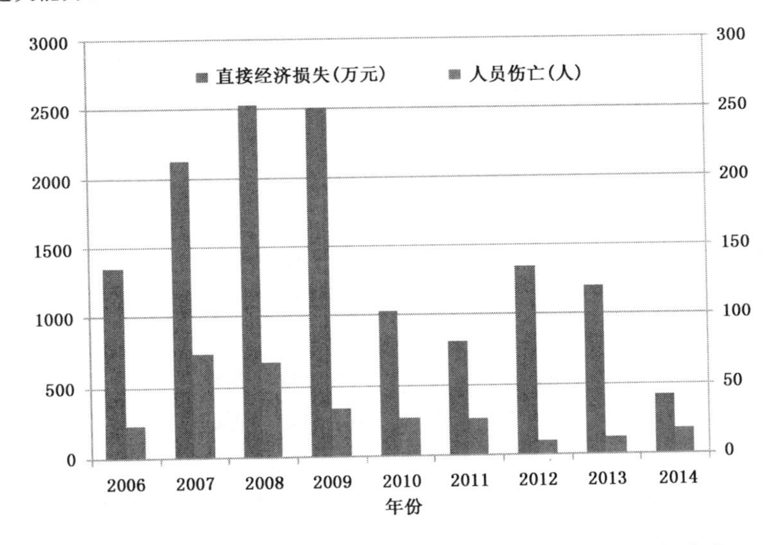

附图　2006年至2014年雷击直接经济损失及人员伤亡逐年分布

2014年8月18日

图2.4　湖南省重大气象信息专报2014年第12期

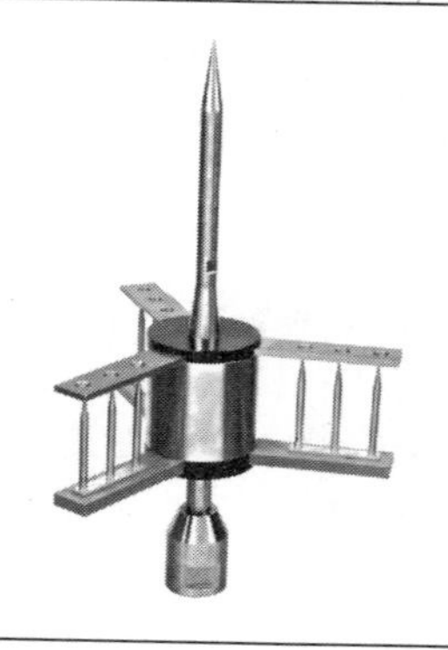

三、雷电灾害风险评估

1. 什么是雷电灾害风险评估?
2. 为什么要做雷电灾害风险评估?
3. 什么项目应该做雷电灾害风险评估?
4. 雷电灾害风险评估的相关法律、法规依据有哪些?
5. 雷电灾害风险评估一般引用的技术规范有哪些?
6. 雷电灾害风险评估应遵循的原则是什么?
7. 雷电灾害风险评估的实施主体是谁?
8. 雷电灾害风险评估的工作流程是怎样的?
9. 一般建设项目的雷电灾害风险评估内容应包括哪些?
10. 对于大型建设项目,雷电灾害风险评估还需开展哪些内容?
11. 雷电灾害风险评估通常有哪几种分类方式?
12. 雷电灾害预评估的作用是什么?
13. 雷电灾害预评估的介入时间在什么时候?
14. 雷电灾害预评估的主要内容是什么?
15. 进行雷电灾害预评估时建设单位应准备哪些技术资料?
16. 进行雷电灾害预评估现场勘查需要取得什么资料?
17. 雷电灾害方案评估的作用是什么?
18. 雷电灾害方案评估的介入时间在什么时候?
19. 雷电灾害方案评估的主要内容是什么?
20. 进行雷电灾害方案评估时建设单位应准备哪些技术资料?
21. 进行雷电灾害方案评估现场勘查需要取得什么资料?
22. 雷电灾害现状评估的作用是什么?
23. 雷电灾害现状评估的介入时间在什么时候?

24.雷电灾害现状评估的主要内容是什么?
25.进行雷电灾害现状评估时建设单位应准备哪些技术资料?
26.进行雷电灾害现状评估现场勘查需要取得什么资料?
27.重大项目的雷电灾害风险评估还需要特殊考虑的技术难点有哪些?
28.现场所需资料无法取得时,是否可以进行雷电灾害风险评估?
29.雷电灾害风险评估的限制因素有哪些?

1. 什么是雷电灾害风险评估？

答：风险评估是系统、综合利用可获得的信息来判定某种确定的事件发生的可能性及其风险大小的一种手段。雷电灾害风险评估是对生命、财产、生计和人类依赖的环境等可能带来潜在雷击威胁及伤害的因子和承灾体的脆弱性进行分析和评估，进而判定出风险的性质和范围的一种过程。通常包括雷电灾害的风险分析、风险性识别和风险程度评估三个方面。通过对雷电致灾因子、地理地质环境、承灾体和灾情等进行分析，通过风险源识别，确定其危险性，并提出如何消除或者削弱潜在的雷灾风险。

2. 为什么要做雷电灾害风险评估？

答：雷电灾害风险评估是落实“安全第一、预防为主”方针政策的重要保障，是防雷安全监督管理的重要手段。雷电灾害风险评估工作以国家有关防雷安全管理的法律、法规、方针政策及技术标准为依据，运用定量和定性的方法对建设项目和生产经营单位存在的雷电危险性、危害因素进行分析和评估，提出预防、控制对策措施，为建设单位和生产经营单位减少雷电灾害风险，为政府主管部门进行安全监督管理提供科学依据，有助于雷电风险管理的合理选择，可以确保雷电防护系统达到安全可靠、技术先进、经济合理的目标。

3. 什么项目应该做雷电灾害风险评估？

答：1）总体原则

①爆炸危险环境建设项目。

②涉及公共安全的建筑（设施）和人员密集场所建设项目。

③涉及社会公共利益、公众安全的大型建设工程、重点工程项目。

④其他应当进行雷电灾害风险评估的建设项目。

2）具体界定标准

①爆炸危险环境：包括所有的化工厂、易燃仓储、输送贮存油气等爆炸危险环境建设项目，以报审材料中明确的建设项目用途或性质为准。

②大型建设工程：主要包括大型房屋建筑工程和其他专业建筑工程，具体参照《建设工程监理范围和规模标准规定》（建设部令第 86 号）、《注册建造师管理规定》（建设部令第 153 号）等进行细化确定。其中，一般大型建设工程的基本界定标准为“单项工程合同额在 3000 万元及以上”。考虑到部分建设项目在可行性研究和初步设计阶段难以确定“单项工程合同额”，因此，通过参考《建设工程监理范围和规模标准规定》中对“大中型公用事业工程，是指项目总投资额在 3000 万元以上的工程项目”的定义，确定了“工程总投资额在 6000 万元及以上”

作为一般大型建设工程的可选标准。

③重点工程：主要指各级政府或发展改革主管部门确定的县级以上重点工程建设项目，具体操作时以当地政府和发展改革主管部门印发的文件或公告为准。

④高层建筑：《民用建筑设计通则》第3.1条规定：a.住宅建筑按层数分类：一层至三层为低层住宅，四层至六层为多层住宅，七层至九层为中高层住宅，十层及十层以上为高层住宅。b.除住宅建筑之外的民用建筑高度不大于24 m者为单层和多层建筑，大于24 m者为高层建筑（不包括建筑高度大于24 m的单层公共建筑）。

4.雷电灾害风险评估的相关法律、法规依据有哪些？

答：1)《气象灾害防御条例》第二条规定："本条例所称气象灾害，是指台风、暴雨(雪)、寒潮、大风(沙尘暴)、低温、高温、干旱、雷电、冰雹、霜冻和大雾等所造成的灾害。"第十条规定："县级以上地方人民政府应当组织气象等有关部门对本行政区域内发生的气象灾害的种类、次数、强度和造成的损失等情况开展气象灾害普查，建立气象灾害数据库，按照气象灾害的种类进行气象灾害风险评估，并根据气象灾害分布情况和气象灾害风险评估结果，划定气象灾害风险区域。"

2)《国务院办公厅关于进一步加强气象灾害防御工作的意见》(国办发〔2007〕49号)第四点："全面做好气象灾害防范工作……各级气象主管机构要依法开展对城市规划、重大基础设施建设、公共工程建设、重点领域或区域发展建设规划的气候可行性论证。有关部门在规划编制和项目立项中要统筹考虑气候可行性和气象灾害的风险性，避免和减少气象灾害、气候变化对重要设施和工程项目的影响。"

3)《防雷减灾管理办法(修订)》(中国气象局第24号令)第二十七条规定："大型建设工程、重点工程、爆炸和火灾危险环境、人员密集场所等项目应当进行雷电灾害风险评估，以确保公共安全。各级地方气象主管机构按照有关规定组织进行本行政区域内的雷电灾害风险评估工作。"

4)《防雷装置设计审核和竣工验收规定》(中国气象局第21号令)第八条规定："申请防雷装置初步设计审核应当提交以下材料：……需要进行雷电灾害风险评估的项目，应当提交雷电灾害风险评估报告。"第十条第三款规定："防雷装置设计审核申请符合以下条件的，应当受理……(三)需要进行雷电灾害风险评估的项目，提交了雷电灾害风险评估报告。"

5)《气候可行性论证管理办法》(中国气象局第18号令)第二条规定："本办法所称气候可行性论证，是指对与气候条件密切相关的规划和建设项目进行气候适宜性、风险性以及可能对局地气候产生影响的分析、评估活动。”第四条规定：“与气候条件件密切相关的下列规划和建设项目应当进行气候可行性论证：(一)城乡规划、重点领域或者区域发展建设规划；(二)重大基础设施、公共工程和大型工程建设项目；(三)重大区域性经济开发、区域农(牧)业结构调整建设项目；(四)大型太阳能、风能等气候资源开发利用建设项目；(五)其他依法应当进行气候可行性论证的规划和建设项目。”第六条规定：“项目建设单位在组织本办法第四条第(二)项至第(五)项规定的建设项目时，应当进行气候可行性论证。”

6)《湖南省雷电灾害防御条例》第九条规定：“对易燃易爆等危险化学品生产、储存场所或者设施，重要物资仓库或者重大建设工程，建设单位应当进行雷击风险评估。评估结果作为建设项目可行性论证和设计的依据。”

5. 雷电灾害风险评估一般引用的技术规范有哪些？

答：1)《雷电防护　第2部分：风险管理》(GB/T 21714.2—2008)。

2)《雷电灾害风险评估技术规范》(QX/T 85—2007)。

3)《建筑物防雷设计规范》(GB 50057—2010)。

4)《建筑物电子信息系统防雷技术规范》(GB 50343—2012)。

5)《建筑物防雷装置检测技术规范》(GB/T 21431—2008)。

6)《爆炸和火灾危险环境电力装置设计规范》(GB 50058—92)。

7)《计算机场地通用规范》(GB/T 2887—2011)。

8)《智能建筑设计标准》(GB/T 50314—2006)。

9)《综合布线系统工程设计规范》(GB/T 50311—2007)。

10)《雷电电磁脉冲防护　第1部分：通则》(GB/T 19271.1—2003/IEC 61312—1:1995)。

11)《雷电电磁脉冲的防护　第2部分：建筑物的屏蔽、内部等电位连接及接地》(GB/T 19271.2—2005/IEC TS 61312—2: 1999)。

12)《雷电电磁脉冲的防护　第3部分：对浪涌保护器的要求》(GB/T 19271.3—2005/IEC TS 61312—3:2000)。

13)《雷电电磁脉冲的防护　第4部分：现有建筑物内设备的防护》(GB/T 19271.4—2005/IEC TR2 61312—4:1998)。

14)《雷电防护　通信线路　第1部分：光缆》(GB/T 19856.1—2005/IEC 61663—1:1999)。

15)《雷电防护　通信线路　第2部分：金属导线》(GB/T 19856.2—2005/IEC 61663—2:2001)。

16)《低压配电设计规范》(GB 50054—2011)。

17)《交流电气装置的接地设计规范》(GB/T 50065—2011)。

18)《接地系统的土壤电阻率、接地阻抗和地面电位测量导则 第1部分:常规测量》(GB/T 17949.1—2000)。

6. 雷电灾害风险评估应遵循的原则是什么?

答:雷电灾害风险评估是关系到被评估项目能否符合国家规定的防雷安全标准,能否保障劳动者防雷安全的关键性工作。不仅有较强的政策性,更有较为复杂的技术性和科技含量。应遵循权威性、科学性、公正性、严肃性、针对性、综合性及适用性原则。

7. 雷电灾害风险评估的实施主体是谁?

答:《防雷减灾管理办法(修订)》(中国气象局第24号令)第二十七条规定:"各级地方气象主管机构按照有关规定组织进行本行政区域内的雷电灾害风险评估工作。"

雷电灾害风险评估是一项科技含量较高的气象服务工作,由上级气象主管机构批准设立的专业防雷技术服务单位或专业气象业务、服务、科研单位承担。各级气象机构下属的防雷中心(省、区、市),作为当地政府设立的事业法人单位,主要以公共服务为目的,负责承担各行政区域内的雷电监测、预警、防雷技术研究、雷电灾害调查及公益性防雷技术咨询服务等工作,同时承担防雷装置设计评价、竣工检测和定期检测及雷电灾害风险评估等常规业务,具备开展雷电灾害风险评估所需的各项条件。

8. 雷电灾害风险评估的工作流程是怎样的?

答:分析项目所在地雷电环境、地形地貌特征、地质结构、承灾体易损性等,对土壤进行采样,提取相关参数,选取评估方式,综合计算和分析,提出防雷设计、施工期间及建成后运行期间的雷电安全防护措施及建议。工作流程示意图如图2.5所示。

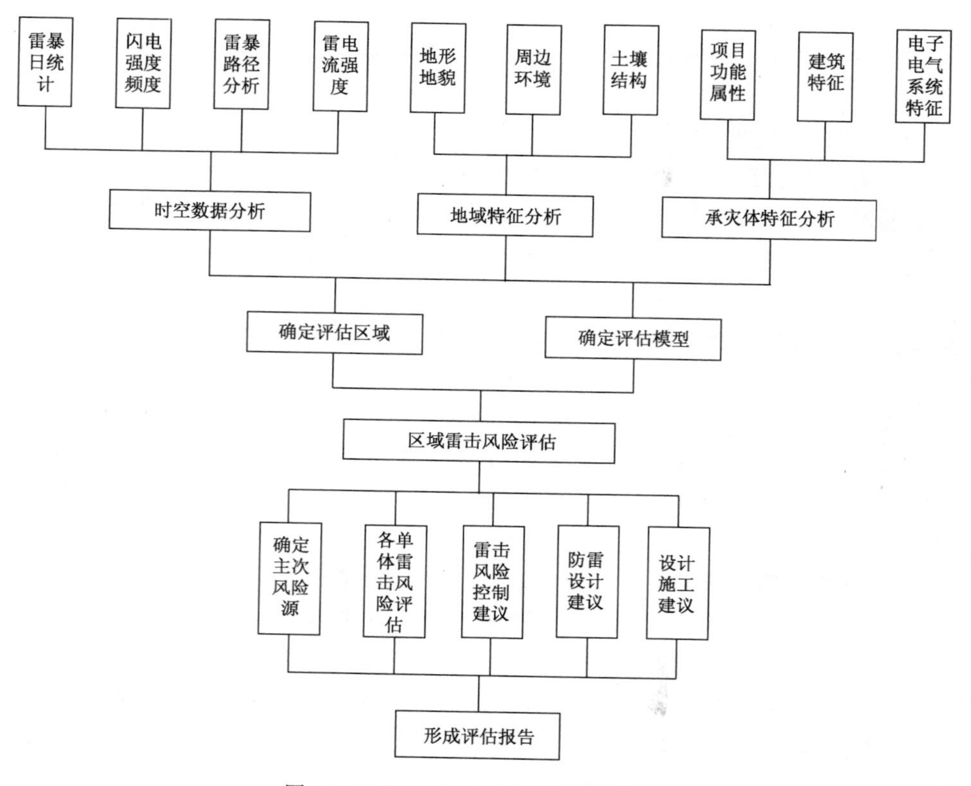

图 2.5 雷电灾害风险评估工作流程

9. 一般建设项目的雷电灾害风险评估内容应包括哪些？

答：1)分析防雷安全需求。

2)风险评估方案。

3)现场勘查。

4)采集数据。

5)检测数据和内部磁场强度计算分析。

6)大气雷电环境分析。

7)雷击风险分量识别。

8)雷击风险计算。

9)雷击人员伤亡风险计算。

10)雷击文化遗产风险计算。

11)公共设施损害风险计算。

12)区域雷电灾害风险分析。

13)雷电防护对策。

14)编制雷电灾害风险评估报告。

10. 对于大型建设项目,雷电灾害风险评估还需开展哪些内容?

答:除一般项目内容以外,根据项目自身对雷电环境的改变分析,进行雷击安全性仿真计算;大电流冲击试验,检验项目结构钢材料雷电流通流能力以及对应的损坏现象(是否融化、断线及其损伤现象等)。

11. 雷电灾害风险评估通常有哪几种分类方式?

答:1)根据项目的不同阶段通常可分为预评估、方案评估和现状评估。

2)根据评估量化程度通常可分为定性评估和定量评估。

3)根据评估内容通常可分为雷电气候特征评估、承灾体的易损性和抗灾能力风险评估、接地环境评估、雷击损坏风险评估及雷击危害范围风险评估等。

12. 雷电灾害预评估的作用是什么?

答:根据建设项目初步规划(即可研阶段)的建筑物参数、选址、总体布局、功能分区分布,结合当地的雷电资料、现场的勘查情况,对雷电灾害的风险量进行计算分析,给出选址、功能布局、重要设备的布设、防雷类别及措施、风险管理、应急方案等建议,为项目的可行性论证、立项、核准、总平规划等提供防雷科学依据。

13. 雷电灾害预评估的介入时间在什么时候?

答:其介入时间应该是在防雷工程方案和图纸设计以前,在土地出让综合条件(征求意见稿)时或者参加项目初审会时,根据项目情况,属于雷电灾害风险评估开展范畴的,应提出并告知对方需要开展雷电灾害风险评估。

14. 雷电灾害预评估的主要内容是什么?

答:对一个完全裸露的防护对象进行考查与评价,找出主导风险因素,查找缺陷,然后依托评估结论提出经济、科学、实用的防雷方案设计要点,作为防雷方案设计的指导和依据。主要集中于对项目的防雷类别、布局、功能、接地设置、机房位置布置、电子信息系统防护等级等方面提出建议。

15. 进行雷电灾害预评估时建设单位应准备哪些技术资料?

答:1)项目投资文件

①发改委核准的关于项目总投资文件复印件；

②土地出让合同复印件。

2)项目总平面图。

3)项目可行性研究报告。

4)项目地勘报告。

16. 进行雷电灾害预评估现场勘查需要取得什么资料?

答:拟建场地地理位置;拟建场地土壤电阻率;拟建场地周边环境;拟建场地周围一定范围内既有建(构)筑物以及相邻距离等。

17. 雷电灾害方案评估的作用是什么?

答:方案评估是对建设项目设计方案(即项目建设实施阶段)的雷电防护措施进行雷电灾害风险量的计算分析,给出设计方案的雷电防护措施是否能将雷电灾害风险量控制在国家要求的范围内,给出科学、经济和安全的雷电防护建议措施,提供风险管理、雷灾事故应急方案。

18. 雷电灾害方案评估的介入时间在什么时候?

答:项目报建时,进行把关,告知对方在防雷装置技术评价前需先进行雷电灾害风险评估,作为设计及评价的依据之一。

19. 雷电灾害方案评估的主要内容是什么?

答:根据各项目时空特性和下垫面情况,对接闪、引下、接地、分流、综合布线、电涌保护器(SPD)等方面设计进行验算和分析,结论集中于项目雷电风险及设计是否与时空特性及下垫面情况相符合。

20. 进行雷电灾害方案评估时建设单位应准备哪些技术资料?

答:项目地勘报告;项目总平面图;初步设计资料说明;初步设计建筑图;初步设计电气图;初步设计结构图。

21. 进行雷电灾害方案评估现场勘查需要取得什么资料?

答:项目所处地理位置;项目实际土壤电阻率;项目周边环境;项目所处工程节点;项目周围一定范围内既有建(构)筑物以及相邻距离等。

22. 雷电灾害现状评估的作用是什么?

答:现状评估是对一个评估区域、评估单体现有的雷电防护措施进行雷电灾害风险量的计算分析,以及对现有雷电防护措施是否能将雷电灾害的风险量控制在国家要求的范围内等问题,给出科学、经济和安全的整改措施,提供风险管理、雷灾事故应急方案。

23. 雷电灾害现状评估的介入时间在什么时候?

答:在项目投入运营以后,对需要进行雷电灾害风险评估,掌握防雷隐患,为防雷工程整改提供参考的应进行雷电灾害现状评估。

24. 雷电灾害现状评估的主要内容是什么?

答:对一个已经存在的防雷工程体系进行评估,评价它的运行效果及被防护对象是否已达到风险控制的要求。由于评估的是已经存在的实际工程,有利于实地勘查和测量,能提供客观而准确的数据,使评价结论更好地符合实际状况,但这个环节的评估,所能发挥的作用很小。因为,一是工程质量无法控制,隐蔽性防护措施无法考查;二是一旦防护对象不能满足风险控制的要求,需要改进的防雷措施不可改动,或者防护措施与防护对象紧密关联,就无法消除已经存在的缺陷和漏洞,此时,一旦需要改进,往往需要付出很大的代价才能达到雷电防护要求。

25. 进行雷电灾害现状评估时建设单位应准备哪些技术资料?

答:项目竣工资料;项目电气施工图;项目历年防雷检测报告;项目施工总平面图。

26. 进行雷电灾害现状评估现场勘查需要取得什么资料?

答:项目接地电阻;周边土壤电阻率;项目电子电气系统功能布局;项目进出管线布局等。

27. 重大项目的雷电灾害风险评估还需要特殊考虑的技术难点有哪些?

答:重大项目的雷电灾害风险评估要针对其自身特点、建筑结构、功能属性、材料选型和周边环境等,有针对性地在计算机建模、大电流冲击试验等方面着重加强。

28. 现场所需资料无法取得时,是否可以进行雷电灾害风险评估?

答:现场资料是进行雷电灾害风险评估的重要依据,应尽量取得实际数据,在雷电灾害风险评估相关资料无法取得时，应当有明确注释。因资料无法取得，所以取规范规定的典型值，当无明确典型值时，建议参照其他典型类似建筑物的资料取值，也要明确地注释原因。即表明评估报告中的分析、判断和结论受评估报告中假设和限定条件的限制，说明其对评估结论的影响。

29. 雷电灾害风险评估的限制因素有哪些？

答：现阶段国内外现有的标准、方法或经验在理论和实际上都还存在许多限制及空白点，评估技术和方法属于新兴科学范畴有待进一步研究开发。所以现阶段评估报告尚存在完整性不够、主观性较强、结论与防护设计需求联系不够紧密、评估效益短时间难以得到直接验证等问题。

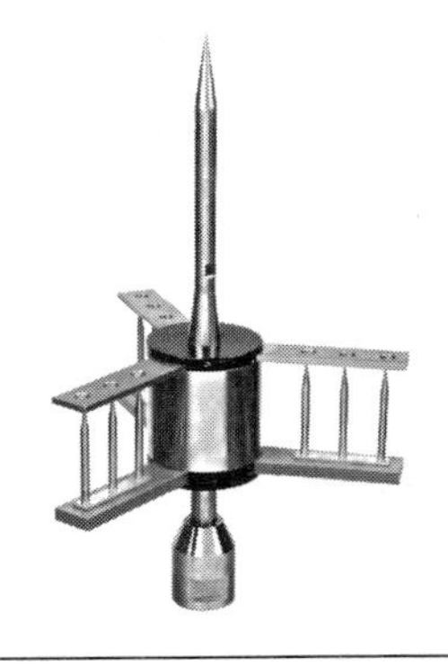

四、防雷装置技术评价

1. 防雷装置技术评价申报流程有几步?
2. 防雷装置技术评价服务流程有几步?
3. 防雷装置技术评价设计会审是指什么?
4. 防雷装置技术评价依据的法律法规有哪些?
5. 防雷装置技术评价相关的规范有哪些?
6. 防雷装置技术评价的内容包括什么?
7. 防雷装置技术评价基本程序是什么?
8. 防雷装置设计评价依据的资料图纸有哪些?
9. 新建项目防雷装置初步设计评价的要点有哪些?
10. 防雷装置设计及评价要素有哪些?
11. 防雷装置技术评价相关的电气工程图主要有哪几类?
12. 防雷装置技术评价中的常见电气设施有哪些?
13. 怎样看懂防雷装置的电气施工图纸?
14. 怎样更好地阅读防雷装置相关的电气施工图?
15. 根据读图程序新建项目防雷装置技术评价的基本评价内容有哪些?
16. 防雷装置技术评价中常用的图例有哪些?
17. 防雷装置技术评价中对安装规格和施工的要求有哪些?
18. 特殊项目的防雷装置技术评价如何处理(举例说明)?
19. 在新建项目的防雷装置技术评价中常见问题及其分析。

1. 防雷装置技术评价申报流程有几步?

答:防雷装置技术评价是防雷装置设计审核的基础性工作,由当地气象主管机构认定的防雷专业技术审查单位承担。防雷装置技术评价受建设单位委托,并签订服务合同。

新、改、扩建项目防雷装置技术评价的申报第一步是初步设计完成后,防雷装置技术审核部门根据项目的基本概况和初步防雷装置设计内容,对设计内容提出原则性的要求。第二步是施工图设计完成后,由建设单位向防雷技术服务单位提供电气初步设计或电气施工的说明及图纸、面积核准书等资料,需要进行雷电灾害风险评估的项目要求同时提交该项目的雷电灾害风险评估报告。防雷装置技术评价部门进行逐项的防雷装置技术评价,出具设计变更意见或合格的评价报告书。

2. 防雷装置技术评价服务流程有几步?

答:防雷装置技术评价的主要服务流程是给申报后的项目提交初步(方案)设计审查意见书和施工图评价报告书。

1)凡经初步审查的防雷装置设计,不论合格与否,均应填写《防雷装置设计专业技术审查意见书》一式两份。审查合格的,作为防雷装置设计审核提交的审核资料之一,分别由审查单位、建设单位保存归档。

2)经审查不合格的,在审查结论栏中填写设计修改意见书,修改意见要详细、具体,提供给建设单位修改设计。

3)施工图进行技术评价时,经评价合格后,应出具《防雷装置设计技术评价报告书》(以下简称《评价报告书》)一式五份,分别提交给建设单位、工程施工方、气象主管机构(政务中心气象窗口)、防雷装置检测部门(含《新建建设项目防雷检测单》和核面表)各一份,此外,技术评价部门自行保留存档一份。

4)施工图经评价后如不合格,则应出具《防雷装置技术评价设计变更单》,明确原设计中需要进行变更的内容,由建设方与设计方协同变更后,反馈《防雷装置技术评价变更通知单》给技术评价部门,经再次评价合格后,出具《评价报告书》。防雷装置技术评价部门应建立评价登记制度,以便查询。

3. 防雷装置技术评价设计会审是指什么?

答:建设单位或设计单位对防雷装置审查意见或技术评价书有异议时可提出会审要求,会审由气象主管机构组织,邀请有关单位参加,组织单位做好详细会审记录并形成会审纪要,纪要作为复审意见在审查意见或技术评价书中一并归档。

4. 防雷装置技术评价依据的法律法规有哪些？

答：1)《中华人民共和国气象法》(国家主席令第 23 号)。

2)《中华人民共和国行政许可法》(国家主席令第 7 号)。

3)《中华人民共和国建筑法》(国家主席令第 46 号)。

4)《中华人民共和国安全生产法》(国家主席令第 70 号)。

5)《气象灾害防御条例》(国务院令第 570 号)。

6)《建设工程质量管理条例》(国务院令第 279 号)。

7)《国务院对确需保留的行政审批项目设定行政许可的决定》(国务院令第 412 号)。

8)《国务院办公厅关于进一步做好防雷减灾工作的通知》(国办发明电〔2006〕28 号)。

9)《国务院办公厅关于进一步加强气象灾害防御工作的意见》(国办发〔2007〕49 号)。

10)《防雷减灾管理办法(修订)》(中国气象局第 24 号令)。

11)《防雷装置设计审核和竣工验收规定》(中国气象局第 21 号令)。

12)《气象行政许可实施办法》(中国气象局第 15 号令)。

5. 防雷装置技术评价相关的规范有哪些？

答：1)《建筑物防雷设计规范》(GB 50057－2010)。

2)《建筑物电子信息系统防雷技术规范》(GB 50343—2012)。

3)《防雷装置设计技术评价规范》(QX/T 106—2009)。

4)《建筑物防雷工程施工与质量验收规范》(GB 50601—2010)。

5)《雷电防护　第 1 部分：总则》(GB/T 21714.1—2008)。

6)《民用建筑电气设计规范》(JGJ 16—2008)。

7)《防雷与接地安装图集》(D501—1～4)。

8)《低压配电系统的电涌保护器(SPD)第 1 部分：性能要求和试验方法》(GB/T 18802.1—2002)。

9)《低压配电系统的电涌保护器(SPD)第 12 部分：选择和使用导则》(GB/T 18802.12—2006)。

10)《10kV 及以下变电所设计规范》(GB 50053—1994)。

11)《低压配电设计规范》(GB 50054—2011)。

12)《供配电系统设计规范》(GB 50052－2009)。

13)《交流电气装置的接地设计规范》(GB/T 50065－2011)。

14)《建筑物防雷工程施工与质量验收规范》(GB 50601—2010)。

15)《通信局(站)防雷与接地工程设计规范》(GB 50689—2011)。

6. 防雷装置技术评价的内容包括什么?

答:建(构)筑物防雷装置设计技术评价,是根据其防雷装置施工图,依据技术标准、设计规范,运用规范评价法、安全检查表法对项目设计的防雷装置进行评价;提出评价意见,当防雷装置施工图设计与规范不符或不适合时,能够有效地控制因设计原因导致防雷装置存在先天不足。把雷击可能造成的损失控制在设计阶段,有效地防止雷击建筑物造成的人身伤亡、财产损失。做到防雷装置设计安全可靠、技术先进、经济合理,认真贯彻落实"预防为主、安全第一"的方针。

评价审查内容主要包括:

1)是否符合相应的国家规范和标准。

2)是否达到规定的设计深度和雷击风险环境防控的要求。

3)是否符合国务院气象主管机构规定的防雷装置使用要求。

7. 防雷装置技术评价基本程序是什么?

答:防雷装置技术评价基本程序如图 2.6 所示。

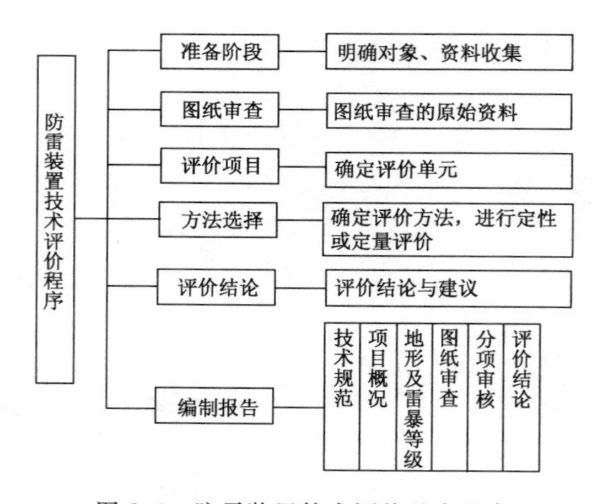

图 2.6 防雷装置技术评价基本程序

8. 防雷装置设计评价依据的资料图纸有哪些?

答:1)图纸目录:总平面图,电气总平面图,电气设计说明及强电系统图,弱电设计说明及弱电系统图,基础防雷平面图,屋面防雷平面图,建筑结构设计说明。防雷产品说明书、有关证件。

2)内容要求:设计依据及防雷类别的说明;国家相关规范,各省、区、市政府出台的法规、文件，相关行业标准；气候（如雷暴日）、地理状况和地质条件（如土壤电阻率）；建设项目的使用属性要求；建筑物（或建筑群体）的长、宽、高度及结构，相邻建筑物的高度；建筑物内各楼层及楼顶被保护的电子系统设备的分布状况；供配电型制及其接地形式等，确定建（构）筑物防雷类别的各种依据。

9. 新建项目防雷装置初步设计评价的要点有哪些？

答：1）接受图纸时必须按图纸目录清点数量是否齐全。

2）如项目需要进行雷电灾害风险评估，是否进行了该项申报。

3）图纸内容变更手续是否齐全。

4）图纸审批手续是否齐全。

5）设计引用规范是否有效。

6）技术参数、标准、型号是否齐全正确。

7）阅图发现错误、疑问时应通过技术联系单同建设单位或设计单位确认。

10. 防雷装置设计及评价要素有哪些？

答：1）设计要求

①接闪：为雷电提供泄流通道，控制雷击点的范围，其耐流、耐压和连续接闪能力直接关系到泄流的效果。

②分流：由引下线的粗细和数量直接影响分流效果，引下线多，每根引下线通过的雷电流就小，其感应范围就小。

③均压：使建筑物内形成一个等电位体，均恒电位并保证建筑物内不会产生反击和危及人身安全的接触电压或跨步电压。

④屏蔽：使建筑物内的通信设备、电子计算机等精密仪器以及自动控制系统免遭雷电电磁脉冲的危害，防止球形雷、侧击雷闪电侵入使电子设备等产生误动作或被击穿的危险。

⑤接地：泄放雷电能量。现代建筑物当采用钢筋混凝土结构时，符合规范条件的应利用基础内的钢筋作为接地装置。当达不到规范中规定的条件时，可用人工接地装置，但应形成环形接地网。

⑥过电压/过电流保护：为限制瞬态过电压和减小过电流而装设的非线性电阻元件，在电力电源线与接地线之间并联，或与信号线路串联。

⑦布线：大楼钢筋内分布的振荡电流会对各种电气线路产生感应耦合，规范的综合布线可以避免形成大的环路，当空间磁场变化时，可以避免线缆的感应电压和电流。采用铁管和金属槽综合布线，还可以解决隔离和屏蔽问题。

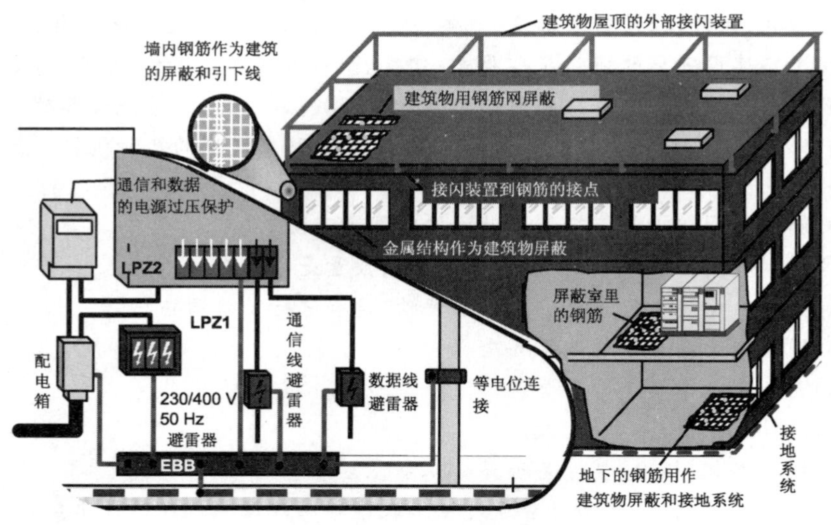

图 2.7　防雷装置设计示意图

2)评价要求

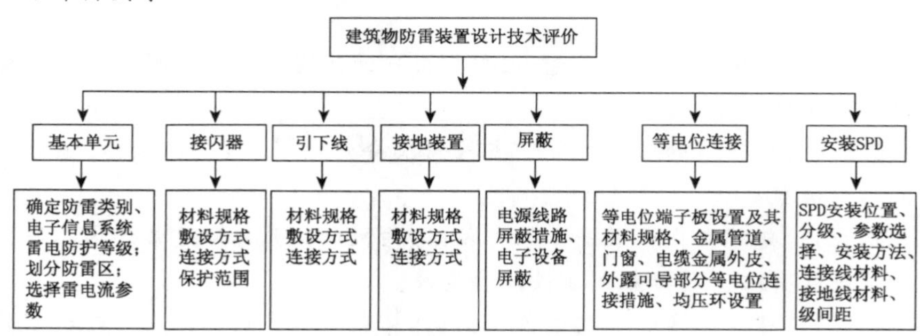

图 2.8　防雷装置设计评价要求

11. 防雷装置技术评价相关的电气工程图主要有哪几类?

答:1)说明性文件

①图纸目录。内容有序号、图纸名称、图纸编号等。

②设计说明(施工说明)。主要阐述电气工程设计依据、工程的要求和施工原则、建筑特点、电气安装标准、安装方法、工程等级、工艺要求及有关设计的补充说明等。

③图例。即图形符号和文字代号,通常只列出本套图纸中涉及的一些图形符号和文字代号所代表的意义。

④设备材料明细表(零件表)。列出该项电气工程所需要的设备和材料的名称、型号、规格和数量。

2)系统图。系统图是表现电气工程的供电方式、电力输送、分配、控制和设备运行情况的图纸。从系统图中可以粗略地看出工程的概貌。系统图可以反映不同级别的电气信息,如变配电系统图、动力系统图、照明系统图、弱电系统图等。

3)平面图。电气平面图是表示电气设备、装置与线路平面布置的图纸,是进行电气安装的主要依据。电气平面图是以建筑平面图为依据,在图上绘出电气设备、装置及线路的安装位置、敷设方法等。常用的电气平面图有变配电所平面图、室外供电线路平面图、动力平面图、照明平面图、防雷平面图、接地平面图、弱电平面图等。

4)布置图。布置图是表现各种电气设备和器件的平面与空间的位置、安装方式及其相互关系的图纸。通常由平面图、立面图、剖面图及各种构件详图等组成。一般来说,设备布置图是按三视图原理绘制的。

5)接线图。安装接线图在现场常被称为安装配线图,主要是用来表示电气设备、电器元件和线路的安装位置、配线方式、接线方法、配线场所特征的图纸。

6)电路图。现场常称作电气原理图,主要是用来表现某一电气设备或系统的工作原理的图纸,它是按照各个部分的动作原理图采用分开表示法展开绘制的。通过对电路图的分析,可以清楚地看出整个系统的动作顺序。电路图可以用来指导电气设备和器件的安装、接线、调试、使用与维修。

7)详图。详图是表现电气工程中设备的某一部分的具体安装要求和做法的图纸。防雷大样图一般根据《防雷与接地安装》图集(D501—1～4)进行设计安装。

12. 防雷装置技术评价中的常见电气设施有哪些?

答:1)防雷设施:一般由外部接闪、泄流的直击雷防雷装置和内部等电位、屏蔽、防电涌侵入的内部防雷装置组成。

2)动力设备:指由电带动的机械设备,如机器上的电动机、电梯、水泵等,此类设备用电量大,并采用三相四线供电,设备外壳应有接地、接零装置。

3)照明设备:主要指建(构)筑物内部和外部的照明配电、灯具及布线系统,包括公共照明、应急照明、室外照明以及特殊要求下的航空照明。一般灯位的高度,安装方法图纸上均有说明。此外有的规定中提出照明设备还需有接地或接零的保护装置。

4)弱电设备:随着建(构)筑物内部设施的自动化程度的提高,目前智能建筑、工矿企业等内部都装设有多种弱电设备。如电梯控制系统、监控系统、火灾报警及消防联动控制系统等,弱电设备需单独设配电系统及接地竖井,和照明线路分开,并有明显的区别标志。

5)电热设备:指工矿企业内的电炉(包括工厂大型电热炉),电烘箱,电熨斗等大小设备。大的电热设备由于用电量大，线路要单独设置，尤其应与照明线路分开。

13. 怎样看懂防雷装置的电气施工图纸？

答：1)先应明确和熟悉防雷相关的电气施工中，图形符号所代表的内容和含义，以及它们之间的相互关系。

2)了解设备的基本结构、工作原理、工作程序、主要性能和用途等。

3)通过系统图、电路图找联系；通过布置图、接线图找位置；交错阅读，这样读图效率可以提高。

4)建筑电气工程施工往往与主体工程及其他安装工程施工相互配合进行，如暗敷线路、电气设备基础及各种电气预埋件与土建工程密切相关。因此，阅读建筑电气工程图时应与有关的土建工程图、管道工程图等对应起来阅读。

5)熟悉有关规程、规范的要求，才能真正读懂图纸。

14. 怎样更好地阅读防雷装置相关的电气施工图？

答：阅读建筑电气工程图，除应了解建筑电气工程图的特点外，还应该按照一定顺序进行阅读，才能比较迅速全面地读懂图纸，以完全实现读图的意图和目的。

一套建筑电气工程图所包括的内容比较多，图纸往往有很多张。一般应按以下顺序依次阅读和做必要的相互对照阅读。

1)看标题栏及图纸目录。了解工程名称、项目内容、设计日期及图纸数量和内容等。

2)看总说明。了解工程总体概况及设计依据，了解图纸中未能表达清楚的各有关事项。

3)看系统图。各分项工程的图纸中都包含有系统图。了解系统的基本组成，主要电气设备、元件等连接关系及它们的规格、型号、参数等，掌握该系统的基本概况。

4)看平面布置图。平面布置图是建筑电气工程图纸中的重要图纸之一，如防雷、接地平面图等，都是用来表示设备安装位置、线路敷设方法及所用导线型号、规格、数量、管径大小的。

5)看安装大样图。安装大样图是按照机械制图方法绘制的用来详细表示设备安装方法的图纸，也是用来指导安装施工和编制工程材料计划的重要依据图纸。特别是对于初学安装的人员更显重要，甚至可以说是不可缺少的。安装大样图多是采用全国通用电气装置标准图集绘制。

6)看设备材料表。设备材料表给我们提供了该工程使用的设备、材料的型号、规格和数量，可以作为防雷验收检测点归纳的重要依据之一。

除以上这些常规应用的图纸外，如遇到较为特殊的项目，还应参见其效果图和总平面图，以此整体把握建(构)筑物的一些信息作为防雷装置评价的参考。

15. 根据读图程序新建项目防雷装置技术评价的基本评价内容有哪些?

答:1)分类、年预计雷击次数及概述采用的防雷措施接闪、引下线、防侧击雷、接地、焊接、防闪电电涌侵入、过电压防护(SPD的分级设置)。

2)接地及安全措施接地阻值要求，低压配电系统接地形式、等电位连接(参见国标图集《等电位联结安装》02D501—2)。

3)竖向干线配电系统图(配电箱的装设位置)。

①层电气平面图。

②配电系统图。

③防雷平面及接地图(注意与总设计说明中的设计一致)。

④某些附属设施的设计安装审核。

4)弱电系统(设计内容包含有线电话、网络、监控、可视、停车管理等)。

16. 防雷装置技术评价中常用的图例有哪些?

答:常用的图例如表2.2所示。

表2.2 防雷装置技术评价常用图例

符号	名称	来源	符号	名称	来源	符号	名称	来源
	避雷针	本图		带云台摄像机	CECS		带浪涌过电压防护器的接线板	本图
	避雷带	GB		不带云台摄像机	CECS	MEB	总等电位连接	本图
	有接地极的接地装置	GB		电路保护装置(断路器,熔断器等)	IEC	LEB	局部等电位连接	本图
	无接地极的接地装置	GB		电路保护装置(可选)	IEC	SEB	辅助等电位连接	本图
	接地一般符号	IEC		SPD浪涌过电压防护器通用符号	IEC	MEXT	总等电位连接板	本图
	等电位接地	GB	RCD	漏电电流动作保护器	IEC	LEXT	局部等电位连接板	本图
	等电位连接	IEC	SPD-A	火花间隙类防护器	本图	PE	保护接地线	本图
	ERP接地基准点	IEC	SPD-B	电源浪涌过电压防护器通用代号	本图	PEN	保护中性线	本图
	总等电位连接装置	IEC	SPD-BC	交流电源用	本图	N	中性线	本图
LPZ0A	LPZ分类LPZ0A防雷分区	IEC	SPD-BD	直流电源用	本图		接地模块	本图
LPZ0B	LPZ分类LPZ0B防雷分区	IEC	SPD-X	信号浪涌过电压防护器通用代号	本图	JF	I型铜接地端子板	本图
LPZ1	LPZ分类LPZ1防雷分区	IEC	SPD-X1	电话用	本图	JFG	I型铜接地端子板	本图
LPZ2	LPZ分类LPZ2防雷分区	IEC	SPD-X2	卫星天馈用	本图	SE	弱电系统工作接地	本图
LPZ3	LPZ分类LPZ3防雷分区	IEC	SPD-X3	共用天线信号用	本图	SI	进出电缆金属护套接地	本图
	焊接符号，平面间焊接	GB	SPD-X4	火灾报警及联动信号用	本图	PAS	接地板	本图
	焊接符号，平面与弧面焊接	GB	SPD-X5	广播信号用	本图	①	1号节点大样图	本图
	焊接符号，弧面间焊接	GB	SPD-X6	BAS系统信号用	本图		1号节点，其节点大样图位于本页	本图
	天线一般符号	CECS	SPD-J	计算机信号用	本图		1号节点，其节点大样图位于2-09页	本图
	卫星天线	CECS	SPD-G	监控信号用	本图			

注：表格中“来源”说明：

本图：国家建筑标准设计图案集《防雷与接地安装》D501—1—4(中国建筑标准设计研究院出版)。

GB：国家标准。

IEC：国际电工委员会标准。

CECS：中国工程建设标准化协会标准。

17. 防雷装置技术评价中对安装规格和施工的要求有哪些？

答：防雷装置技术评价中对安装规格和施工要求如表 2.3 所列。

表 2.3 防雷装置安装规格和施工要求

<table>
<tr><th colspan="4">防护措施及其规格设置</th><th>施工安装要求</th></tr>
<tr><td rowspan="15">防直击雷措施</td><td rowspan="6">接闪器</td><td colspan="2">独立接闪杆或架空接闪线(网)</td><td>安全距离 3 m</td></tr>
<tr><td colspan="2" rowspan="2">明敷接闪带采用热镀锌 Φ8 以上圆钢或热镀锌扁钢</td><td>支架亦为热镀锌圆钢，支持高度 0.15 m，支持间距：直线处 1 m，转弯处 0.5 m，转角处制作为一定弧度的软转角</td></tr>
<tr><td>注明热镀锌元件</td></tr>
<tr><td>暗敷接闪网格</td><td>25×4 镀锌扁钢或 Φ8 以上圆钢</td><td>过伸缩缝做 U 型软连接</td></tr>
<tr><td rowspan="2">金属屋面</td><td>金属屋板下面无易燃物品时其厚度≥0.5 mm</td><td rowspan="2">金属板之间搭接时，搭焊长度不应小于 0.1 m</td></tr>
<tr><td>金属屋板下面有易燃物品其厚度≥4 mm</td></tr>
<tr><td colspan="3">利用建筑物各部位钢筋作为防雷装置</td><td>屋面其他需安装接闪装置的构件必须与接闪带网进行可靠连接</td></tr>
<tr><td colspan="3">针(线)与管线间安全距离</td><td></td></tr>
<tr><td rowspan="3">引下线</td><td colspan="2" rowspan="3">4 根 Φ12 主筋或 2 根 Φ16 主筋，如不能达到规格则可在结构柱内加短路环</td><td>上与接闪网，下与接地装置焊接(包括钢筋接头)，构成完整良好的雷电流导通体</td></tr>
<tr><td>引下线应从上至下通长焊接或绑扎，圆钢需双面焊接且长度不小于其直径的 6 倍</td></tr>
<tr><td>在易受机械损坏和防人身接触的地方，地面上 1.7 m 至地面下 0.3 m 的一段接地线采取防腐措施</td></tr>
<tr><td rowspan="2">均压环</td><td colspan="2">利用圈梁内外侧 2 根 Φ10 主筋或 4 根 Φ8 主筋焊接成闭合回路</td><td>窗一环或窗一引下线的过渡电阻≤0.2Ω</td></tr>
<tr><td colspan="2">25×3 扁钢敷设均压环</td><td>连接成闭合回路</td></tr>
<tr><td rowspan="2">接地装置</td><td colspan="2" rowspan="2">自然接地利用钢筋混凝土地基梁中 2 根横向主钢筋(Φ≥16 mm)</td><td>焊成闭合回路并与钢筋混凝土桩(引下线位置的桩中两根纵向主钢筋焊接)</td></tr>
<tr><td>接地体过伸缩缝、沉降缝、后浇带时应做等电位软连接</td></tr>
</table>

（续表）

<table>
<tr><th colspan="3">防护措施及其规格设置</th><th>施工安装要求</th></tr>
<tr><td rowspan="4">防直击雷措施</td><td rowspan="4">接地装置</td><td rowspan="3">人工接地用 Φ12 热镀锌圆钢或 40×4 热镀锌扁钢</td><td>在室外地坪下 0.8 m 处与引下线焊接处并水平伸向室外（不小于 1 m 散水外），在人行道处水平接地体埋深不应小于 1 m</td></tr>
<tr><td>接地门窗处需采取防跨步电压措施，可采取接地体过门窗处局部埋深部小于 1.2 m</td></tr>
<tr><td>在腐蚀性较强的场所，应采取接闪器加大截面或其他防腐措施</td></tr>
<tr><td>联合接地</td><td>防直击雷接地宜和防雷电感应、电气设备、信息系统等接地共用一个接地装置，目的是达到均压、等电位以减小各种设备间或不同系统间的电位差</td></tr>
<tr><td rowspan="7">防侧击反击及等电位连接</td><td colspan="2" rowspan="2">强、弱电竖井内的接地干线</td><td>宜采用≥Φ16 mm 或截面积≥50 mm² 铜质导线敷设</td></tr>
<tr><td>每隔不大于 20 m 作等电位连接</td></tr>
<tr><td colspan="2" rowspan="2">总等电位连接端子于进入建筑处</td><td>采用各种型号的等电位卡子，不允许在金属管道上焊接，铜线与圆钢（或扁钢）连接处用线鼻子过渡后焊接</td></tr>
<tr><td>PE 干线、电气装置接地极的接地干线、建筑物内水管、煤气管、采暖和空调管道等金属管道、条件许可的建筑物金属构件等导电体</td></tr>
<tr><td colspan="2" rowspan="2">局部等电位连接弥补接地故障保护的不足或加速切断接地故障回路的时间</td><td>电梯机房、泵房、弱电系统设备机房、消防控制室，楼层强弱电井及配电间等处</td></tr>
<tr><td>有洗浴设备的卫生间</td></tr>
<tr><td colspan="2">外来电气通信管线（缆）进户处作等电位连接</td><td>电子、电气各类电缆的等电位连接应通过 SPD 来实现</td></tr>
<tr><td rowspan="5">防雷电感应及防雷电波侵入</td><td colspan="2" rowspan="4">电源系统 SPD 的设置（TN－S 系统参考等级）</td><td>$U_o=220\mathrm{V}, U_c=1.15U_o, I_n=80\mathrm{kA}(8/20\mu s)$</td></tr>
<tr><td>$U_o=220\mathrm{V}, U_c=1.15U_o, I_n=40\mathrm{kA}(8/20\mu s)$</td></tr>
<tr><td>$U_o=220\mathrm{V}, U_c=1.15U_o, I_n=20\mathrm{kA}(8/20\mu s)$</td></tr>
<tr><td>$U_o=220\mathrm{V}, U_c=1.15U_o, I_n=10\mathrm{kA}(8/20\mu s)$</td></tr>
<tr><td colspan="2">信息系统
（防护内容）</td><td>通信信号、数据通信、同轴馈线、火警信号、广播信号、控制信号、计算机网络、监控系统用信号电涌保护器</td></tr>
</table>

注：1）天面金属构件：栏杆、放散管、旗杆、广告牌；电气设备：天线、空调机组、风机管道及电气设备电源配电箱、电源及信号线的屏蔽管等、水箱、擦窗机、电梯机房的配电箱、控制柜、线槽、电机轨道等。

2）防雷接地、变压器中性接地、电气设备保护接地、消防控制室、弱电机房等处（通信机房、计算机房）有关防雷与接地的施工做法详见国标图集《利用建筑物金属体做防雷及接地装置安装》（03D501-3）。

18. 特殊项目的防雷装置技术评价如何处理（举例说明）？

答：下面对游泳池、医疗综合大楼、大桥、别墅群四种类型的特殊项目进行技术评价要点分析：

1）游泳池，共性的防雷装置设计技术评价按整体建筑物的外部及内部防雷装置设计要求进行技术评价，但针对游泳池使用设置，侧重于其等电位连接及特殊设施的接地保护：

①等电位连接是防止人身电击的重要措施，尤其针对使用性质特殊的游泳池，设计时一定要做到安全可靠。故游泳池除采用总等电位连接外，尚应进行辅助等电位连接，将水池及涉水池周边、上方 3.5 m 范围内所有装置外可导电部分与位于这些区域内的外露可导电部分的保护线连接起来，并经过总接地端子板与接地装置相连，具体应包括如下部分：

a. 水池构筑物的所有金属部件，包括水池外框、石砌挡墙和跳水台中的钢筋。

b. 所有成型外框。

c. 固定在水池构筑物上或水池内的所有金属配件。

d. 与池水循环系统有关的电气设备的金属配件，包括水泵电动机。

e. 水下照明灯的电源及灯盒、爬梯、扶手、给水口、排水口及变压器外壳。

f. 采用永久性间壁将其与水池区隔离的所有固定的金属部件、金属管道系统等；

②在水池及涉水池周边 3.5 m 范围内，宜选用加强绝缘的铜芯线或电缆。

③埋在地面内场所加热的加热器件，必须用金属网栅（与等电位连接），或接地的金属罩罩住。

2）医疗综合大楼，内有诸多敏感设备，外部防雷设计较完善，卫生间及手术室内设置局部等电位连接，针对原设计，应注意以下的设计是否完善：

①对于医院大楼的图纸评价重点，是对于其中医疗电气设备进行防雷与接地保护，尤为注意的是医疗场所内严禁采用 TN－C 系统供电。在采用 TN－S 系统、IT 系统供电时尚应满足其他相关条件要求。

②由于医疗场所的特殊性，除常规防雷措施外，应注意电磁屏蔽及等电位连接等措施，采用电磁屏蔽网格并于室内局部等电位端子箱以实现单点连接，应采用联合共用接地装置。

③对于高频（MHz 级）医疗电子设备及大型精密医疗设备机房宜采用 S 型

和M型的组合型等电位连接网络。工程中可在医疗设备机房的防静电地板下敷设600 mm×600 mm的金属网格，由于高频集肤效应，网格线宜采用薄而宽的铜带(100 mm×1 mm)。在每台设备外壳的两个对角处，用截面不小于10 mm^2的绝缘导线与金属网格就近作等电位连接，该金属网格除与机房局部等电位连接外，还应与机房内的结构柱内钢筋连接，若室内没有柱子时，应每隔5 m与周围的圈梁或地面内钢筋连接。

④使用插入体内接近心脏或直接插入心脏内的医疗电气设备的器械，应采取防止微电击的保护措施。防微电击措施采用等电位接地方式，应包括室内给水管、金属窗框、病床的金属框架及患者有可能在2.5 m范围内的直接或间接接触的各部分金属部件。用于上述部件进行等电位连接的保护线(或接地线)的电阻值，应使上述金属导体相互间的电位差限制在10 mV以下。医疗场所等电位连接接地的使用范围见表2.4。

表2.4 医疗场所等电位连接接地的使用范围

医疗场所	等电位连接接地	医疗场所	等电位连接接地
胸部手术时	应设	心血管X射线造影室	应设
胸部手术以外的手术时	宜设	分娩室	宜设
理疗室(恢复室)	宜设	生理检查室	宜设
ICU(重症监护室)	应设	内视镜室	宜设
CCU(冠状动脉病毒集中治疗室)	应设	X射线检查室	应设
重症病室	宜设	阵痛室	宜设
心功能总检查室	应设	一般病房	宜设

⑤其他注意事项：手术室及抢救室应根据需要采取防静电措施，且手术室内禁止设置无线通信设备；医院设置供氧管道时不得与电缆、电话线和可燃气管敷设在同一管井或管道沟内，并应单独接地；医疗用电子设备应根据所设置的防护区级别，决定是否采用屏蔽措施。

3)大桥，桥体以其特殊的结构、构筑位置及大跨度，尤其目前应用较多的拉索结构、悬索结构的大桥，给外部防雷设计带来一定困难和问题，作为提供技术参考和整改的图纸审查，应全面提出尽量利用大桥自身结构及桥上各设施作为防雷装置的意见，既节约成本，又在实际应用中取得较好效果。

①利用航道桥索塔顶部的接闪杆、接闪带、路灯灯杆及防护栏等组成混合接闪器。如为拉索桥，其两端通过锚具、锚垫板等金属器具并最后与钢筋焊结连通接地，则拉索也能被用作辅助接闪器。引下线的安装应注意上端应与桥面做好良好的等电位连接。

②大桥的主体接地可利用桩基基础内的钢筋及钢护筒作为接地体。而跨海大桥，由于海水腐蚀性大，加之海潮冲击，则图纸审查时可提出利用金属体的牺

牲阳极保护法作为防腐措施。

③大桥的所有结构金属体(如水平部分的钢箱梁、索塔、桥墩、承台内的金属等)应进行良好连接,使其达到电气上的导通。施工过程中,桥面板内钢筋与桥柱钢筋之间的焊接必须考虑热胀冷缩的影响,建议具体施工时可采用V型钢板或软金属带来实现等电位连接。

④对于众多用电设施,如信号灯、路灯及电梯、计算机网络等,应从综合布线及过电压防护两个方面考虑,所有线缆必须通过等电位连接良好的金属槽道敷设,而在各分级配电箱内及信号线路引入端处安装电源及信号电涌保护器。

4)别墅群,在多雷区或强雷区,别墅群最低标准应按第三类防雷标准对建筑物进行防雷装置的设计,尤其针对以下问题:

①宜将各单体别墅的基础连接成整体。

②别墅群内的各种布线在室外部分宜走地沟敷设,对于信号线是否穿金属管或走金属槽敷设,金属管、槽应保证至少两点以上的接地。

③对于别墅屋顶盖瓦不易安装接闪带时,可在屋脊上压一根热镀锌扁钢作为接闪装置并在两端设置避雷短针。

19. 在新建项目的防雷装置技术评价中常见问题及其分析。

答:目前,以湖南省长沙市的新建住宅小区内存在的问题为例,列举新建项目防雷装置设计中存在的问题及其比例。

1)缺乏明确性:材料规格在设计中不明确或前后不一致,在后续施工中产生误导和疏漏;引用的规范为老旧规范或其他专业的行业标准,未满足防雷标准的要求。

2)缺乏综合性

①屋顶其他非金属构件未考虑防雷设计,形成引雷隐患。

②缺乏防侧击雷措施,或提出原则性的设计要求缺乏明确的施工指导。

③缺乏电源系统电涌保护器的设计或设计不能满足分级保护的要求。

④缺乏空开等与SPD配合的断路器等设施的配合。

⑤监控等信号系统缺乏信号电涌保护器。

3)缺乏合理性

①防雷击的首道均压环的设置层高不能满足防侧击雷保护的要求或未进行明确的层高说明。

②接地电阻值不能满足建筑物分类泄流的要求。

③针对学校多媒体教室等设备机房缺乏针对性的加强设计。

4)缺乏专项考虑:对新增设备的防雷措施未能进行综合考虑,如缺乏屋顶光伏发电系统或其他附属电气设置的防雷设计;重要控制设备的电源线路SPD未考虑进行差模保护的安装。

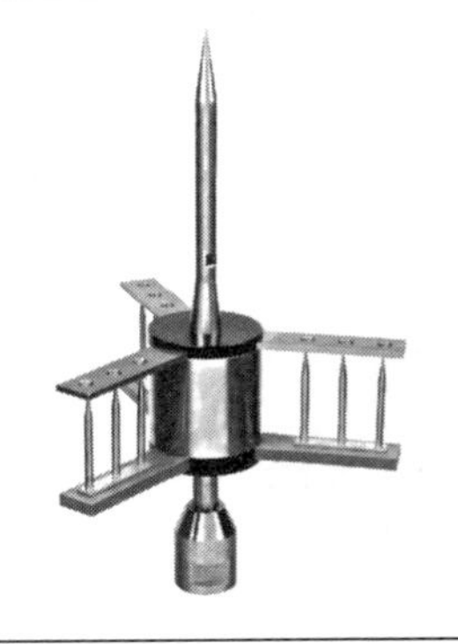

五、

新、改、扩建建(构)筑物防雷检测

1.新、改、扩建建设项目防雷检测的相关法律法规有哪些?

2.新、改、扩建建设项目防雷检测的相关技术规范有哪些?

3.防雷装置跟踪检测包括哪些阶段检测?每个阶段检测需完成哪些检测(检查)内容?

4.阶段检测中桩基础防雷装置检测包括哪些内容?注意事项有哪些?

5.如何计算新建建(构)筑物的桩利用系数?

6.防雷装置钢材焊接要求的搭接长度及焊接方法是什么?

7.阶段检测中承台防雷装置检测包括哪些内容?注意事项有哪些?

8.阶段检测中正负零基础防雷装置检测包括哪些内容?注意事项有哪些?

9.新建建(构)筑物接地装置的正确安装工序及注意事项有哪些?

10.阶段检测中正负零以上基础防雷装置检测包括哪些内容?注意事项有哪些?

11.阶段检测中屋面接闪器检测包括哪些内容?注意事项有哪些?

12.阶段检测中等电位检测包括哪些内容?注意事项有哪些?

13.阶段检测中电涌保护器检测包括哪些内容?注意事项有哪些?

14.阶段检测中特种设备防雷装置检测包括哪些内容?注意事项有哪些?

15.完成阶段检测,准备申请综合检测项目需要提前准备的材料及注意事项有哪些?

16.项目申请防雷装置综合检测需要哪些相关资料?

17.出具完整的防雷装置检测报告需要哪些相关配套资料?

18.新建建(构)筑物防雷跟踪检测中常见问题及解决方法有哪些?

19.新建建(构)筑物防雷跟踪检测要求有哪些?

1. 新、改、扩建建设项目防雷检测的相关法律法规有哪些?

答:《中华人民共和国气象法》;《中华人民共和国行政许可法》;《气象灾害防御条例》;《防雷减灾管理办法(修订)》;《国务院办公厅关于进一步做好防雷减灾工作的通知》;《湖南省实施〈中华人民共和国气象法〉办法》;《湖南省雷电灾害防御条例》。

2. 新、改、扩建建设项目防雷检测的相关技术规范有哪些?

答:1)《建筑物防雷装置检测技术规范》GB/T 21431—2008)。

2)《建筑物防雷设计规范》(GB 50057—2010)。

3)《建筑物电子信息系统防雷技术规范》(GB 50343—2012)。

4)《防雷装置施工质量监督与验收规范》(QX/T 105—2009)。

5)《建筑物防雷工程施工与质量验收规范》(GB 50601—2010)。

3. 防雷装置跟踪检测包括哪些阶段检测?每个阶段检测需完成哪些检测(检查)内容?

答:1)承台检测检查。对于具备承台检测检查条件的新、改、扩建建筑物,需完成以下点位的检测检查:接地材料规格、桩利用系数、桩深、桩主筋直径、利用主筋数、单桩接地电阻平衡度、土壤电阻率、四置距离、圈梁、横梁、引下线间距、测试点外甩扁钢、电梯井预留扁钢、强/弱电井预留扁钢。

2)正负零基础检测。对于具备正负零基础检测条件的新、改、扩建建筑物,需完成以下点位的检测:柱筋引下线、测试点预留扁钢、总等电位预留扁钢、卫生间等电位预留、配电间预留、水泵房(分生活水泵及消防水泵)预留、消防控制室预留、各设备或机房预留。

3)正负零以上基础检测。对于具备正负零以上基础检测条件的新、改、扩建建筑物,需完成以下点位的检测:外墙测试点、总等电位、卫生间等电位、配电间接地、水泵房接地、消防控制室接地、各设备或机房接地。

4)均压环预留检测。对于具备均压环预留检测条件的项目,需完成以下点位的检测:均压环与柱主筋的连接、窗—环过渡电阻、窗户接地预留、卫生间等电位接地预留、阳台金属护栏接地预留、外墙金属百叶窗接地预留、阳台空调金属护栏接地预留、金属幕墙接地预留。

5)防侧击雷接地检测。对于具备进行防侧击雷接地检测条件的项目,需完成以下点位的检测:窗户接地、卫生间等电位、强/弱电井、阳台金属护栏、外墙金属百叶窗、阳台空调金属护栏、幕墙等;对低于 60 m 的建筑物要求抽检楼层不少于两层,对高于 60 m 的建筑物要求抽检楼层不少于 3 层。

6)屋面检测。按新、改、扩建建筑物屋面类别划分，平型屋面建筑需完成以下点位检测：屋面女儿墙、炮台、构架接闪带或接闪器(按明敷暗敷划分)，金属爬梯、金属扶梯、金属水箱、金属气压罐、消防管道、供水管道(金属)、排/送风机、航空障碍灯接地、中央空调金属冷却塔、广告牌、大型金属构件/构架、外墙超出女儿墙明/暗敷的接闪带或接闪器部分的烟道接闪器；坡型屋面建筑需完成以下点位检测：屋脊接闪带、屋脊接闪器、檐角接闪器、天沟接闪器、高度超出屋脊接闪带/接闪器部分的烟道接闪器。

4. 阶段检测中桩基础防雷装置检测包括哪些内容？注意事项有哪些？

答：1)桩深，表格填写最深的桩与最浅的桩并拍照存档。

2)桩主筋直径，表格填写桩主筋的直径。

3)利用主筋数，一般为 4 根，最少不少于 2 根。

4)桩的利用系数不应小于 0.25，桩用作防雷接地极如果离得太近，会由于屏蔽效应降低其作用。

5)单桩接地电阻平衡度，应满足 $R_{max}/R_{min}=1$。

5. 如何计算新建建(构)筑物的桩利用系数？

答：新建建(构)筑物桩利用系数 a= 用作接地体的桩数/建(构)筑物总桩数。

6. 防雷装置钢材焊接要求的搭接长度及焊接方法是什么？

答：防雷装置钢材焊接时的搭接长度及焊接方法如表 2.5 所列。

表 2.5 防雷装置钢材焊接的搭接长度及焊接方法

焊接材料	搭接长度	焊接方法
扁钢与扁钢	不应少于扁钢宽度的 2 倍	两个大面不应少于 3 个棱边焊接
圆钢与圆钢	不应少于圆钢直径的 6 倍	双面施焊
圆钢与扁钢	不应少于圆钢直径的 6 倍	双面施焊
扁钢与钢管、扁钢与角钢	紧贴角钢外侧两面或紧贴 3/4 钢管表面，上、下侧施焊，并应焊以由扁钢弯成的弧形(或直角形)卡子或直接由扁钢本身弯成弧形或直角形与钢管或角钢焊接	

7. 阶段检测中承台防雷装置检测包括哪些内容？注意事项有哪些？

答：1)引下线间距，要求一类不大于 12 m，二类不大于 18 m，三类不大于 25 m。

2)引下线利用柱主筋数,表格填写引下线的钢筋数和直径大小,要求利用单根柱主筋不应小于Φ10。

3)承台与桩主筋焊接连接情况,桩应有4根主筋,分别有2根与承台配筋上层和下层搭焊。

4)承台与引下线连接,检查承台与引下线焊接质量,柱内2根主筋分别有一根与承台上层焊接,另一根与承台下层焊接,焊接工艺要求如表2.6所列。

表2.6 承台与桩主筋焊接工艺要求

焊接材料	焊接要求	其他要求
扁钢与扁钢	宽度的2倍	三面焊接
圆钢与圆钢	直径6倍(双面焊接)	直径12倍(单面焊接)
圆钢与扁钢	圆钢直径的6倍(双面焊接)	圆钢直径12倍(单面焊接)
扁钢与钢管	接触部位两侧进行焊接	由钢带弯成弧形
扁钢与角钢	接触部位两侧进行焊接	由钢带本身弯成直角形

8. 阶段检测中正负零基础防雷装置检测包括哪些内容?注意事项有哪些?

答:1)地梁主筋与引下线主筋连接,检查地梁主筋与引下线主筋焊接质量:2条引下线要与地梁主筋焊接。焊接工艺要求见表2.6。

2)地梁与地梁之间主筋连接,检查地梁与地梁之间主筋焊接质量,地梁间主筋焊接无交叉,焊接工艺要求同上表。

3)短路环,检查地梁主筋与箍筋焊接情况,要求箍筋每隔6米应与主筋焊接。

4)预留电气接地,对于具备正负零基础检测条件的项目,需完成以下点位的检测:柱筋引下线、测试点预留扁钢、总等电位预留扁钢、卫生间等电位预留、配电间预留、水泵房(分生活水泵、消防水泵)预留、消防控制室预留、各设备或机房预留。

5)检测自然接地体电阻,要求一类、二类不大于1Ω,三类不大于4Ω。

9. 新建建(构)筑物接地装置的正确安装工序及注意事项有哪些?

答:1)自然接地体底板钢筋敷设完成,应按设计要求做接地施工,经检查确认并做隐蔽工程验收记录后再支模或浇灌混凝土。

2)人工接地体应按设计要求位置开挖沟槽,打入人工垂直接地体或敷设金属接地模块和使用人工水平接地体进行电气连接,经检查确认并做隐蔽工程验收记录。

3)接地装置隐蔽应经检查验收合格后再回填土。

4)在建筑物入户处应做总等电位连接,建筑物等电位连接干线与接地装置应有不少于2处的直接连接,等电位连接可采取焊接、螺钉或螺栓连接等方式。

5)在建筑物入户处的总等电位,应对入户金属管线和总等电位连接板的位置检查确认后再设置与接地装置连接的总等电位连接板,并应按设计要求作等电位连接。

6)引下线的安装布置应符合国家标准,明敷的专用引下线应分段固定,并应以最短路径敷设到接地体,敷设应平正顺直、无急弯,焊接固定的焊缝应饱满无遗漏,螺栓固定应有防松零件,焊接部分的防腐应完整,引下线两端应分别与接闪器和接地装置做可靠的电气连接。

7)引下线可利用建筑物的钢梁、钢柱等金属构件作为自然引下线,金属构件之间应电气贯通、当利用混凝土内钢筋、钢柱作为自然引下线并采用基础钢筋接地体时,不宜设置断接卡,但应在室外墙体上留出供测量用的测接地电阻孔洞及与引下线相连的测试点接头。混凝土柱内钢筋,应按工程设计文件要求采用土建施工的绑扎法、螺丝扣连接等机械连接或对焊、搭焊等焊接连接。

8)引下线在柱内钢筋绑扎或焊接连接后,应刷漆做标记,并应按设计要求施工。

10. 阶段检测中正负零以上基础防雷装置检测包括哪些内容?注意事项有哪些?

答:1)引下线焊接工艺,检查焊接是否牢固。

2)短路环,要求用作防雷引下线柱筋每层最少有一个箍筋与柱主筋相焊接。

3)预留电气接地,首层及各层要求在离地面约0.3 m处用Φ12镀锌圆钢从用作防雷接地的柱主筋焊接引出,长度大于0.2 m。

4)检查是否有均压环,一类30 m,二类45 m,三类60 m高度以上的建筑物必须设计均压环。

5)均压环与柱主筋连接,均压环必须与用作引下线的柱主筋连接。

6)预留钢筋焊接,门、窗框的两侧预留一条不小于Φ8的钢筋用作均压环的引下线。

7)门、窗过渡电阻,要求过渡电阻不大于0.24Ω。

11. 阶段检测中屋面接闪器检测包括哪些内容?注意事项有哪些?

答:屋面接闪器根据类别有接闪网、接闪带、接闪杆三种,材料、规格及焊接工艺都要符合《建筑物防雷设计规范》(GB 50057—2010)和《建筑物防雷工程施工与质量验收规范》(GB 50601—2010)的要求。

1)接闪网

①与引下线连接,检查网格与引下线连接的质量。

②预留接地,天面预留接地是天面电气设备及其他设施接地用,应按照设计图检查。

2)接闪带

①接闪带与柱主筋引下线连接,检查接闪带有否与用作引下线的柱主筋相焊接。

②敷设方式,分为明敷和暗敷,高层建筑物的接闪器应采取明敷。在多雷区,宜在屋面拐角处安装短接闪杆。

③固定支架高度、间距,高度不宜小于150 mm,引下线和接闪导体固定支架的间距应符合表2.7所列的要求。

表2.7 引下线和接闪导体固定支架的间距(GB 50601—2010 表5.1.2)

布置方式	扁形导体和绞线固定支架的间距(mm)	单根圆形导体固定支架的间距(mm)
水平面上的水平导体	500	1000
垂直面上的水平导体	500	1000
地面至20 m处的垂直导体	1000	1000
从20 m处起往上的垂直导体	500	1000

引下线的固定支架应固定可靠,每个固定支架应能承受49N的垂直拉力。

④闭合环测试,检查接闪带是否是一个完整的闭合环,任何两点都必须闭合。

3)接闪杆

①安装高度,接闪针露空实际高度。

②安装位置,安装建筑物易遭受雷击的位置;填写具体位置,比如,女儿墙、屋角、水塔、楼梯屋顶、人字屋顶的脊的两端。

③连接情况,要求杆与接闪带相互连接,弧形搭接,不要成直角。

12. 阶段检测中等电位检测包括哪些内容?注意事项有哪些?

答:1)屋面冷却塔、广告牌与避雷带相连,检查避雷带相连不少于2处,材料、规格符合要求,各种设备防雷设施引下线不得串联,应各自与接地装置连接。

2)屋面其他金属物与接闪带相连。

3)竖直金属管道接地,在金属管道顶端和底端与防雷装置连接,设计时要预留接地点。

4)电梯接地,电梯导轨接地且每条导轨不少于2处接地。

5)高低压联合变压器接地。

6)低压配电接地及重复接地。

7)架空金属管道,在进出建筑物处,应与防闪电感应接地装置相连。距离建筑物100 m的管道,宜每隔25 m接地一次,其冲击接地电阻不应大于30Ω。埋地或地沟的金属管道,在进出建筑物处应等电位连接到等电位连接带或防闪电感应的接地装置上。输送火灾爆炸危险物质的埋地金属管道,当其从室外进入户内处设有绝缘段时,应在绝缘段处跨接符合规范要求的开关型电涌保护器或隔离放电间隙,进入建筑物处的防雷等电位连接,应在绝缘段之后管道进入室内处进行,可将电涌保护器的上端头接到等电位连接带。

8)地下燃气管道与其他金属管道的距离,要求地下燃气管道离建筑基础大于或等于0.7 m,离供水管大于或等于0.5 m,离排水管大于或等于1 m,离电缆大于或等于0.5 m,以上均指水平距离。地下燃气管道离其他管道或者电缆垂直距离大于或等于0.15 m,强调燃气管道进出口处必须与防雷接地装置连接,并要有2处以上接地。

13. 阶段检测中电涌保护器检测包括哪些内容?注意事项有哪些?

答:1)被检测单位提供产品及相关材料(产品、产品合格证、产品检测报告、产品备案目录、产品备案登记证)。

2)电涌保护器在正常工作状态下的泄漏电流和压敏电压。配电系统接地方式和接地线的长度。

3)产品检测符合规范、设计要求后均安装在指定位置。

4)检查安装好的电涌保护器。

①外观质量:电涌保护器表面应平整、光洁、无划痕、无裂痕及变形,紧固件应牢固,颜色应均匀无明显差异;标志应完整清晰、耐久可靠、内容完全,且铭牌不应该出现移动和任何翘曲现象。

②警告功能:电涌保护器正常或故障时,应有能正确表示其状态的标志或指示灯。

③保护接地:电涌保护器在正常使用条件下安装和连接时,其非带电的易触及的金属部件(用于固定基座、罩盖、铆钉、铭牌等以及与带电部件绝缘的小螺钉除外)应连接成一个整体后与保护接地端子可靠连接。

④安装工艺:检查电涌保护器的产品型号,应采用经国家认可的检测实验室检测的产品;查看电涌保护器各技术指标参数,是否符合防雷检测规范的要求。参数一般有最大持续工作电压U_c、标称通流容量I_n、最大通流容量I_{max}、电压保

护水平 U_p 等技术参数;查看电涌保护器安装的位置是否与设计要求一致、接线方法是否正确,连接线是否平直,接地线的线径、长度是否符合要求,接地线连接是否牢固等。

⑤阻燃性能:采用非接触式快速测量低压配电系统 SPD 表面温度,查看说明书关于阻燃的要求等。

14. 阶段检测中特种设备防雷装置检测包括哪些内容?注意事项有哪些?

答:这里主要针对电梯的防雷装置检测。

1)轨道接地:要求电梯轨道上下两端应接地,高度超过 45 m,中间轨道应增加接地点,要求接地点间不宜大于 30 m。

2)电梯门、框应接地处理。

3)等电位:电梯所有设备、部件与建筑物要进行等电位处理,要求过渡电阻不大于 0.24 Ω。

4)电涌保护器:电梯的电源控制柜应安装电涌保护器(SPD),机房要进行重复接地。

15. 完成阶段检测,准备申请综合检测项目需要提前准备的材料及注意事项有哪些?

答:1)资料完善阶段申请综合检测的项目,需完成以下表格的填写、盖章并递交所长进行检测时间及人员的安排。

①《项目跟踪检测隐蔽资料表》。

②《新建建(构)筑物防雷综合检测申请表》。

③《项目防雷装置检测方案》。

2)相关注意事项

①申请综合检测的项目,检测队长需提前通知项目施工单位或建设单位准备检测栋号的入户钥匙并安排好配合检测的相关人员。

②申请综合检测的项目,室内电梯必须能正常使用。

③申请综合检测的项目,需已完成各阶段检测的整改复检。

16. 项目申请防雷装置综合检测需要哪些相关资料?

答:1)防雷装置综合检测申请书。

2)技术评价报告。

3)进场工作联系单。

4)检测方案。

5)整改四件套(《整改通知书》《检测项目整改一览表》《防雷检测所防雷整改通知领取单》《新建建筑物防雷装置整改回复函》)。

6)防雷施工单位防雷工程施工资质证。

7)防雷装置施工跟踪监督原始记录表。

8)SPD的相关资料(检测报告、备案证、备案目录、施工资质证、安装位置表格、产品数量清单)。

9)各阶段的现场检测照片。

10)记录纸的完整度(应包含施工单位、项目名称、地址、单元栋号、检测员和校核员的签字、检测当天的温湿度、检测日期、项目建设方施工方负责人签字等)。

11)SPD的检测记录纸及现场安装工艺表。

12)土壤电阻率的数据资料。

13)电梯机房现场检测记录。

14)综合检测申请表的检测情况概述要填写完整(包含建筑物检测及电涌保护器检测情况)。

15)电梯检测报告。

(注:13—15条需建设方提供纸质复印件资料)

16)监理单位接地资料。

17)综合检测申请表签字盖章。

18)防雷检测服务意见反馈表。

19)设备对SPD的检测记录。

20)各阶段的检测记录纸(基础、均压、屋面等)

a.承台检测阶段:承台圈梁、横梁、外甩扁钢、电梯井预留扁钢、强/弱电井预留扁钢等的检测。

b.正负零检测阶段:柱筋引下线、测试点预留扁钢、总等电位预留扁钢、卫生间等电位预留扁钢、配电间预留扁钢、水泵房(分生活水泵及消防水泵)预留扁钢、消防控制室预留扁钢、各设备/机房预留扁钢等的检测。

c.基础检测阶段:测试点、总等电位、配电箱、卫生间等电位、水泵房接地、配电间接地、消防控制室接地、电梯井接地、强/弱电井接地。

d.防侧击雷接地预留检测阶段:窗户接地预留、卫生间等电位接地预留、阳台金属护栏接地预留、外墙金属百叶窗接地预留、阳台空调金属护栏接地预留、金属幕墙接地预留的检测。

e.防侧击雷接地检测阶段:窗户接地、卫生间等电位、强/弱电井、阳台金属护栏、外墙金属百叶窗、阳台空调金属护栏、幕墙等的检测;(注:因均压环检测阶段检测点位数量众多,对低于60 m的建筑物要求抽检楼层不低于两层,对高于

60 m 的建筑物要求抽检楼层不低于 3 层)。

f. 平型屋面建筑物:屋面女儿墙、炮台、构架接闪带或接闪杆(按明敷暗敷划分)、金属爬梯、金属扶梯、金属水箱、金属气压罐、消防管道、供水管道(金属)、排/送风机、航空障碍灯、中央空调金属冷却塔、广告牌、大型金属构件/构架的检测等、外墙超出女儿墙明/暗敷的接闪带或接闪杆部分的烟道。

g. 坡型屋面建筑物:屋脊接闪带、屋脊接闪器、檐角接闪器、天沟接闪器的检测、高度超出屋脊接闪带/接闪器部分的烟道。

21)检测记录纸的电子档照片。

17. 出具完整的防雷装置检测报告需要哪些相关配套资料?

答:按照检测流程及检测记录,出具防雷装置检测报告,需配套以下相关资料:

1)防雷设计评价书。

2)完整、准确的项目资料表格。

3)完整、准确的工作联系函。

4)项目检测方案。

5)完整、准确的检测记录。

6)跟踪检测过程中不符合规范要求的防雷装置整改通知。(符合规范要求的项目除外)

7)跟踪检测过程中不符合规范要求的防雷装置整改通知回执函。(符合规范要求的项目除外)

8)各阶段检测时的检测点照片文档。

9)跟踪检测过程中不符合规范要求的检测照片文档。

10)出具防雷装置整改通知后进行复检的检测照片文档。(符合规范要求的项目除外)

11)防雷装置检测报告需由专人校验,由检测所所长、副所长及 2 名检测员共计 4 人签字认可后,交由防雷中心领导签字、盖章才可发放。

12)项目意见反馈单。

13)综合检测表格。

14)防雷设计方案变更及相关承诺函。

15)强电分级防电涌保护器相关资料。

16)各自如实签名的检测记录。

17)电梯检测报告及隐蔽工程资料、电涌保护器现场检测资料需齐全。

18)检测记录的电子档需齐全。

18. 新建建(构)筑物防雷跟踪检测中常见问题及解决方法有哪些?

答:1)施工工艺的问题。在施工过程中,很多施工为了方便,材料之间的焊接长度往往达不到规范要求,焊接工艺也容易出现漏焊、虚焊、焊渣不做处理等情况。部分施工人员为了省事,把支撑架的间距随意增减,伸缩缝之间未做跨接。工程验收时,没有对接闪带进行防腐热镀锌处理,导致接闪带耐受程度减弱,生锈腐蚀情况严重,严重影响使用效果和使用寿命。

2)多桩承台、基础地梁、引下线接地焊接的问题。规范规定接地装置所有连接防雷引下线的基础桩基中对角 4 根主筋相焊并与基础地梁底部 2 根主筋相连。而对于多桩基础,是否是每个桩的 4 根对角主筋都要相连与地梁底部焊通,还是其中一个桩就可以,很多施工员不清楚!正确的做法应该如图 2.9 所示。

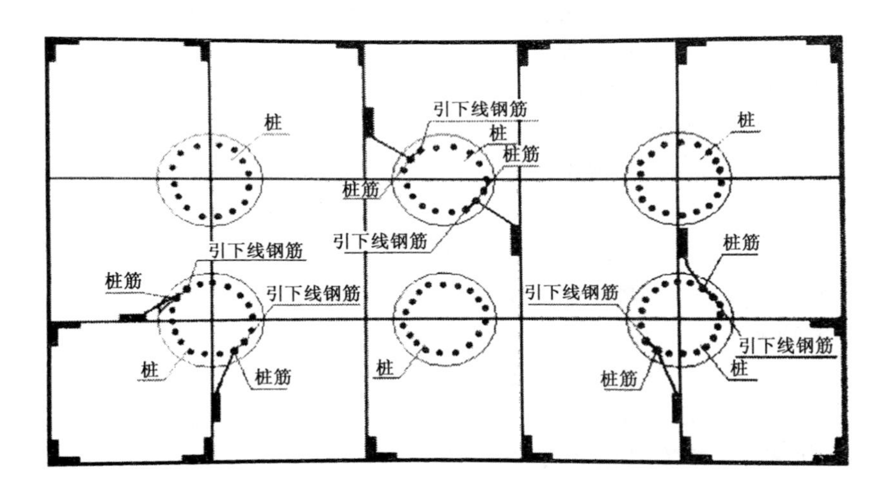

图 2.9 桩基中主筋与地梁底部正确的焊接工艺示意图

并要符合下列条件:

①桩的利用系数不应小于 0.25。

②主筋数一般为 4 根,最少不少于 2 根。

③单桩接地电阻平衡度应等于 1。

3)暗敷接闪带预留接闪器的问题。暗敷接闪带在规范上是允许的,尽管我们一直强调高层建筑接闪带不提倡暗敷,问题是暗敷接闪带上的混凝土到底以不超过多厚为宜,这一点在规范上并没有要求。作者请教了几家设计单位的设计师,都找不到具体的条文规定。但是行业内普遍存在这样一个共识:暗敷接闪带的抹灰层厚度以不超过 2~3 cm 为宜。我们在检测中一般建议施工单位在暗敷接闪带屋角等易受雷击的部位增设接闪短针,一般高度在 10~15 cm。

4)屋面风帽等孤立较小的金属物的接地问题。风帽是建筑物屋面上常见的一种比较小的金属构件,由2个部分组成,上面是旋转的换气帽,下面是固定的底座,材料一般为0.5mm厚度的铝合金片,既不能焊接,也不能利用导线进行连接(否则风帽就无法旋转送风了),但不接地又不符合规范要求。所以,应根据现场风帽安装位置判断,如果处于建筑物女儿墙边缘且不在接闪器保护范围内,建议安装接闪短针进行保护;如果处在建筑物中心,在不造成人员伤亡和大的财产损失的情况下,可以单独用接地软线对风帽底座进行等电位连接。

5)接闪带上捆绑线路,屋面新增金属构件未接地的问题。一些已经投入使用的项目,多数业主不太清楚防雷安全知识,常见的有在接闪带上捆绑亮化照明灯带,在接闪带上固定网线、电话线等。一旦发生雷电状况,很容易造成设备损坏。部分业主加装的空调外机、太阳能热水器等金属构件都未进行防雷保护。

检测过程中一旦发现类似问题,及时告知被检测方,要求将屋面所有金属构件进行等电位连接,将捆绑在接闪带上的信号线路进行拆除。

6)屋面沟槽式连接消防管道的接地问题。以前屋面的消防管道大多是法兰盘连接,只要一端接地,整个管道就接地了。但现在消防管道大多采用沟槽式连接,每段之间几乎都是绝缘的,必须每段都进行接地处理。而且消防管道都经过热镀锌处理,高温焊接时势必破坏管道内外壁的镀锌层,时间一长就会出现锈蚀穿孔。这种情况我们检测时一般都要求采用等电位卡子加导线跨接,既解决了接地问题,又避免了焊接破坏镀锌层。

7)电梯机房等电位连接的问题。很多电梯机房内未安装等电位连接端子,后期整改过程中从屋面接闪带上用连接导体直接焊接引入电梯机房,然后将电梯机房内设备、控制箱、电源箱等全部串联起来。这样做的后果就是导致一旦屋面接闪带接闪直击雷时,电梯机房内的各种元器件被烧毁,对电梯的正常工作造成可怕的安全隐患。

正确的做法应该是,在施工时提醒施工方在机房预留引出柱主筋,如未进行预留,应从结构柱中找出引下线的钢筋做出等电位端子。

8)配电箱、风机重复接地的问题。在检测电梯、风机配电箱过程中,虽然很多项目都采用了三相五线系统,但前期预留的柱主筋钢筋,都没进行重复接地。应将设备的金属外壳与预留端子进行等电位连接,保证在漏电情况下,防止触电事故的发生。

19. 新建建(构)筑物防雷跟踪检测要求有哪些?

答:新建建(构)筑物防雷跟踪检测要求详见表2.8~2.19。

表 2.8　桩的防雷跟踪检测要求

检测项目	立项依据	检测结果	检测质量	图例
桩利用系数	根据 GB50057—2010 第 4.3.5 条、第 4.3.6 条和第 4.4.5 条规定。	新建建筑物桩数利用系数 e=用作接地体的桩数/建筑物总桩数 例如：新建建筑物总桩数共 120 条，若全部用作接地体，则利用系数为 120/120=1；而只用 90 条桩作接地体，则利用系数为 90/120=0.75；以此类推。填写分四个档次：1，0.75，0.50，≤0.25。	一级：利用系数为 0.75<a≤1 二级：利用系数为 0.5<a≤0.75 三级：利用系数为 0.25<a≤0.5 四级：利用系数为 a≤0.25	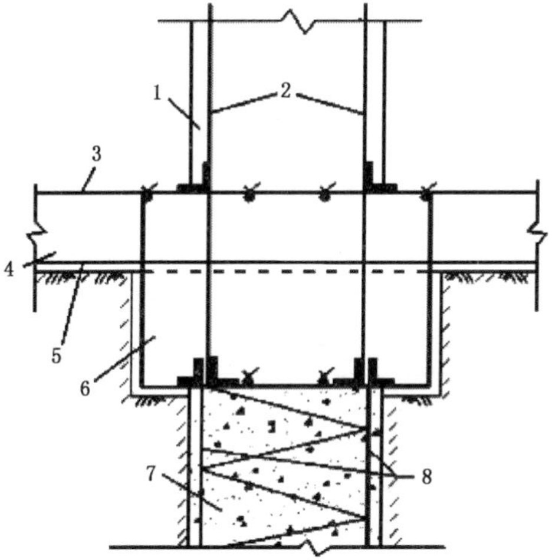 1——柱； 2——利用柱内对角的两根不小于 Φ16 的主筋作为引下线； 3——地梁面筋； 4——基础地梁； 5——地梁底筋； 6——承台； 7——桩； 8——桩内两根对角的主筋与承台底板钢筋焊接。
桩深	根据 GB50057—2010 第 4.3.5 条、第 4.3.6 条和第 4.4.5 条规定。	填写最深的桩和最浅的桩的深度，单位为米(m)，取小数后一位。例如：深 21.5 m，浅 14.0 m。	参考项，用于对基础接地体的质量评价。	
桩直径	根据 GB50057—2010 第 4.3.5 条、第 4.3.6 条和第 4.4.5 条规定。	按要求填写桩直径，单位为米(m)，取小数后两位。如 d=1.25 m。	参考项，用于对基础接地体的质量评价。	
桩主筋直径	根据 GB50057—2010 第 4.3.5 条、第 4.3.6 条和第 4.4.5 条规定。	填写桩主筋的直径，单位为毫米(mm)。例：螺纹钢 Φ20，圆钢 Φ18。	参考项，用于对基础接地体的质量评价。	

续表

检测项目	立项依据	检测结果	检测质量	图例
利用桩主筋数	根据 GB50057—2010 第 4.3.5 条、第四款及第 4.3.6 条和第 4.4.5 条规定。	填写单桩实际被用作基础接地体的主筋数。一般为 4 条，最少不少于 2 条。	参考项，用于对基础接地体的质量评价。	
单桩接地电阻平衡度	根据 GB50057—2010 第 4.3.5 条、第四款及第 4.3.6 条第六款 4.4.5 条第一款。	检测与引下线相接各单桩的主筋接地电阻值，并计算其平衡度：接地电阻平衡度＝单桩内各主钢筋中其一接地电阻最大值/另一接地电阻最小值，同时应符合规范要求。要求平衡度为 1，大于 1 时应加短路环。	一级：各桩平衡度为 1 二级：平衡度为 1 的桩占 70% 三级：平衡度为 1 的桩占 50% 四级：平衡度为 1 的桩少于 50%	
土壤电阻率 Ω·m	根据 GB50057—2010 第 4.3.6 条、第 4.4.6 条及附录 C 的要求。	按实测土壤电阻率的数值填写。例：$\rho=350\Omega\cdot m$。检测方法可用接地电阻仪四极法检测：四支接地极棒沿直线等距铺设，1，4 为电流极，2，3 为电压极，各电极棒之间距（a）为 8m，棒入地深度为 0.4m，则 $\rho=2\pi aR$。	参考项，用于分析该接地体对雷电流的泄流能力，是设计接地体的基本参数。	
四置距离	根据 JGJ/T16—92 中 14.7.4.3、14.7.4.5 及 GB50057—2010 第 4.3.4 条。	按建筑物地面所处 E、S、W、N 四个方位与相邻建（构）筑物的水平距离填写。如：E21m，S18m，W27m，N24m。当水平距离超过 50 m 时，填>50 m。	参考项，用于确定建筑物内设备接地与建筑物防雷设施之间的相互关系。	

表 2.9 人工接地体的防雷跟踪检测要求

检测项目	立项依据	检测结果	检测质量	图例(单位:mm)
材型、规格	GB 50057—2010 第 5.4.1 条。	填写除桩基础以外的其他基础接地或人工接地体,人工接地体又分为水平接地体和垂直接地体,填写所用材料的实际大小。		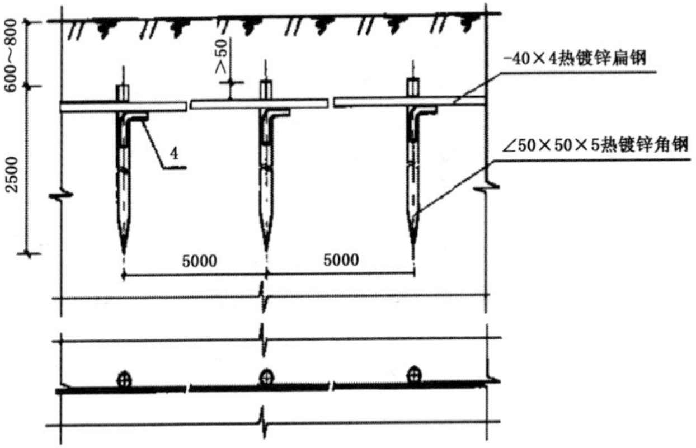
埋设深度	GB 50057—2010 第 5.4.4 条。	填写接地体的深度,单位为米(m),取小数点后一位。		
接地体与桩主筋连接	GB 50057—2010 第 4.3.5 和 4.4.5 条。	检查接地体与桩或地梁的焊接质量,单边焊接长度应大于12D,双边焊接长度应大于6D,将检查结果填入本栏。D是钢材直径。		
接地体与引下线主筋连接	同上	检查接地体与引下线桩主筋焊接质量,单边焊接长度应大于12D,双边焊接长度应大于6D,将检查结果填入本栏。		
接地体埋设方式	同上	检查接地体敷设路径,防直击雷的接地装置应敷设成环形接地体,将检查结果填入本栏。		

表 2.10　承台的防雷跟踪检测要求

检测项目	立项依据	检测结果	检测质量	图例
引下线间距	根据 GB 50057—2010 第 4.3.3 条和第 4.4.3 条规定。	按防雷类别填写：一类不大于 12 m，二类不大于 18 m，三类不大于 25 m，且边角、拐弯处均应设置引下线。		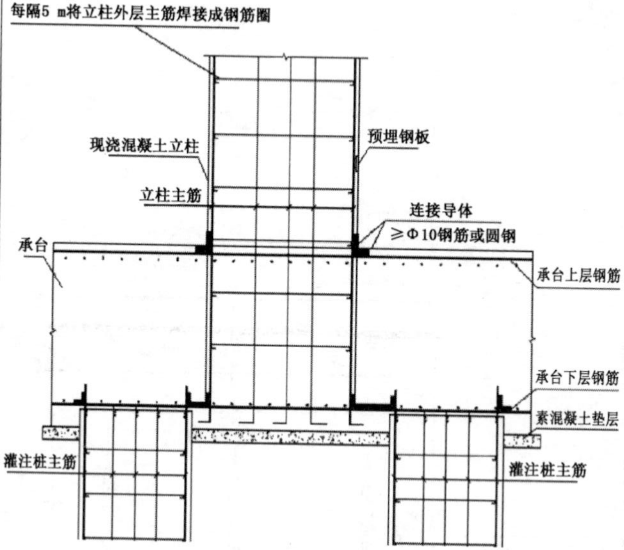 每隔5 m将立柱外层主筋焊接成钢筋圈 现浇混凝土立柱 预埋钢板 立柱主筋 连接导体 ≥Φ10钢筋或圆钢 承台 承台上层钢筋 承台下层钢筋 素混凝土垫层 灌注桩主筋 灌注桩主筋
引下线利用柱主筋数	根据 GB 50057—2010 第 4.3.5 条第三款和第 5.3.1 条规定。	填写利用主筋作为引下线的钢筋数，并标出其直径大小。 例如：利用 2 条 Φ20 圆钢作为柱主筋引下线时，则填 2×Φ20。如仅利用柱中一条主筋作为引下线时，则不应小于 Φ10，如一条引下线 Φ12，则填 1×Φ12。	合格：一等：大于 Φ16 时 2 根；小于 Φ16 时 4 根。 二等：大于 Φ10，两根； 三等：大于 Φ10，一根。	
承台与桩主筋连接	根据 GB 50057—2010 第 4.3.5 条及第 4.4.5 条规定。	检查承台与桩焊接质量：桩应有 4 根主筋，分别有 2 根与承台配筋上层和下层搭接焊。单边焊接长度应大于 12D，双边焊接长度应大于 6D，将检查结果填入本栏。	合格：连接正确，焊接长度、质量基本良好。	

续表

检测项目	立项依据	检测结果	检测质量	图例
承台与引下线柱主筋连接	根据 GB 50057—2010 第 4.3.5 条及第 4.4.5 条规定。	检查承台与引下线柱主筋焊接质量，柱内两主筋分别有一条与承台上层相焊接，另一条与承台下层相焊接。单边焊接长度应大于 12D，双边焊接长度应大于 6D，是连续焊还是间隙点焊，将检查结果填入本栏。	合格：连接正确，焊接长度、质量基本良好。	
每条引下线在－50 cm 处所连接的钢筋总表面积	根据 GB 50057—2010 第 4.3.5 条及第 4.4.5 条规定。	按照防雷类别计算每条引下线在－50 cm 处所连接的钢筋总表面积：二类按 $S \geqslant 4.24kc^2$ 公式计算；三类按 $S \geqslant 1.89kc^2$ 公式计算。在一般情况下，一栋楼防雷引下线不少于 2 根，且接闪器成闭合环状，取 kc＝0.44，对应二类防雷 $S \geqslant 0.82\ m^2$，三类防雷 $S \geqslant 0.37\ m^2$ 为合格。合格：二类防雷 $S \geqslant 0.82\ m^2$，三类防雷 $S \geqslant 0.37\ m^2$。		

表 2.11　地梁的防雷跟踪检测要求

检测项目	立项依据	检测结果	检测质量	图例
地梁主筋与引下线柱主筋连接	根据 GB 50057—2010 第 4.3.5 条及第 4.4.5 条规定。	检查地梁主筋与引下线柱主筋焊接质量:两条引下线主筋要与地梁主筋焊接。单边焊接长度应大于 12D,双边焊接长度应大于 6D,保证焊接质量,无交叉。将检查结果填入本栏。	合格:连接正确,焊接长度、质量基本良好。	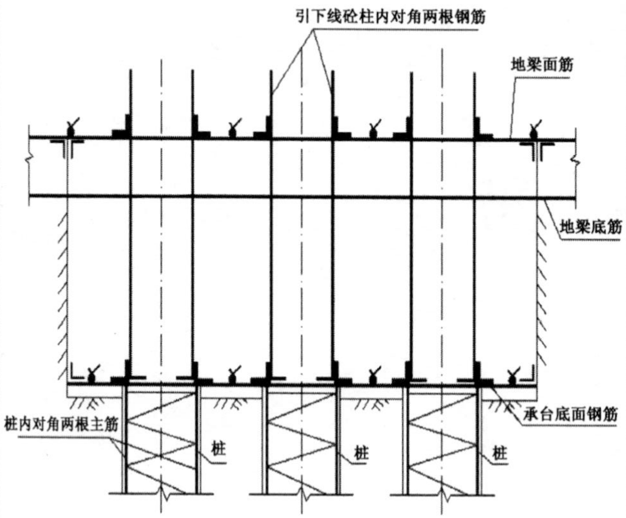
地梁与地梁之间主筋连接	根据 GB 50057—2010 第 4.3.5 条及第 4.4.5 条规定。	检查地梁与地梁之间主筋焊接质量,地梁间主筋焊接无交叉。单边焊接长度应大于 12D,双边焊接长度应大于 6D,连接不少于 2 根。	合格:连接正确,焊接长度、质量基本良好。	
短路环	根据 GB50057—2010 第 4.3.5 条第六款规定。	检查地梁主筋与箍筋焊接情况,要求箍筋每隔 6 m 应与主筋相焊接。	合格:间隔不大于 6 m,焊接质量基本良好。	
预留电气接地	根据 GB 50057—2010 第 4.1.2 条、第 5.3.6 条、第 6.1.1 条,及 GB50343—2012 第 5.2.2 条规定。	检查首层基础是否按设计要求预留电气接地。要求在离地面约 0.3 m 处用 Φ12 镀锌圆钢从用作防雷接地的柱主筋焊接引出,引出长度大于 0.2 m。	合格:按设计图纸位置预留,焊接长度、质量基本良好。	
接地体电阻值	根据 GB 50057—2010 第 4.2.1 条、第 4.3.6 条及第 4.4.6 条规定。	参照设计要求,填写接闪针、带的实测接地电阻值。自然接地体的一般要求小于 1Ω 或小于 4Ω;人工接地体的第一、二类防雷不大于 10Ω;第三类防雷不大于 30Ω。	合格:符合设计要求。	

表 2.12　柱筋引下线的防雷跟踪检测要求

检测项目	立项依据	检测结果	检测质量	图例
引下线连接	根据 GB 50057—2010 第 4.3.5 条及第 4.4.5 条规定。	检查引下线连接质量：柱筋引下线选定对角的 2 根主筋，由承台、地梁至天面与避雷带连接，中间搭接符合要求，搭接处一定要焊接平滑。	合格：连接正确，焊接长度、质量基本良好。	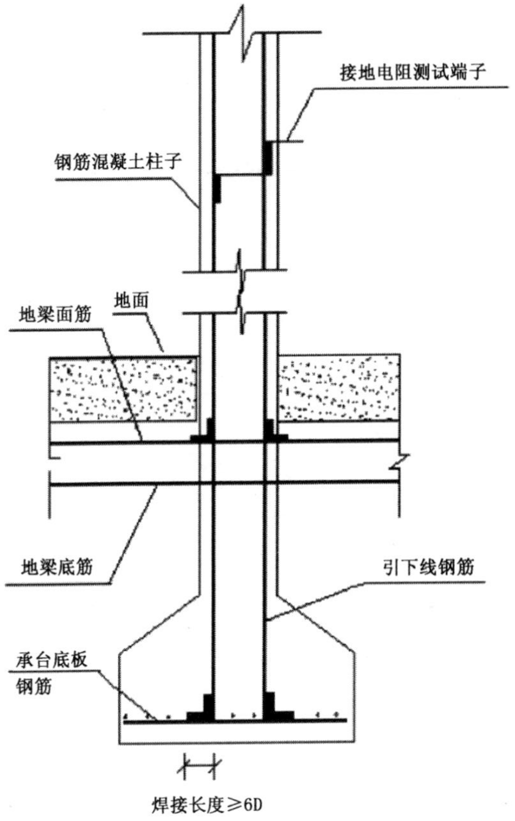 接地电阻测试端子 钢筋混凝土柱子 地梁面筋 地面 地梁底筋 引下线钢筋 承台底板钢筋 焊接长度≥6D
短路环	根据 GB 50057—2010 第 4.3.5 条规定。	要求用作防雷引下线柱筋每层至少有一个箍筋与柱主筋相焊接。	合格：至少每隔一层焊接。	
电气预留接地	根据 GB 50057—2010 第 4.1.2 条、第 5.3.5 条、第 6.1.1 条，及 GB 50343—2012 第 5.2.2 条规定。	检查首层及各层是否按设计要求预留电气接地。要求在离地面约 0.3 m 处用 Φ12 镀锌圆钢从用作电气接地的柱主筋焊接引出，引出长度大于 0.2 m。	合格：按设计图纸位置预留，焊接长度、质量基本良好。	
地梁主筋与引下线柱主筋连接	根据 GB 50057—2010 第 4.3.5 条及第 4.4.5 条规定。	检查地梁主筋与引下线柱主筋焊接质量：2 根引下线主筋要与地梁主筋焊接。单边焊接长度应大于 12D，双边焊接长度应大于 6D，保证焊接质量，无交叉。将检查结果填入本栏。	合格：连接正确，焊接长度、质量基本良好。	

续表

检测项目	立项依据	检测结果	检测质量	图例
地梁与地梁之间主筋连接	根据 GB 50057—2010 第 4.3.5 条及第 4.4.5 条规定。	检查地梁与地梁之间主筋焊接质量，地梁间主筋焊接无交叉。单边焊接长度应大于 12D，双边焊接长度应大于 6D，连接不少于 2 根。	合格：连接正确，焊接长度、质量基本良好。	
引下线数量、间隔	根据 GB 50057—2010 第 5.3.13 条、第 5.3.2 条规定。	检查是否按照设计安装引下线。填写引下线数量及间隔，如 10 根、≤18 m。	合格：按设计位置安装引下线。	
引下线材料规格	根据 GB 50057—2010 第 4.2.4 条和第 4.3.3 条规定。	一等：中于 Φ16 时 2 根，小于 Φ16 时 4 根； 二等：大于 Φ10 时 2 根； 三等：大于 Φ10 时 1 根。	合格：如一等大于 Φ16 时 2 根；小于 Φ16 时 4 根。	

表 2.13 核心筒的防雷跟踪检测要求

检测项目	立项依据	检测结果	检测质量	图例
核心筒桩利用系数	QX/T 106	核心筒不少于 50%桩作为防雷接地装置，每个桩对角主钢筋与承台底筋焊接成电气回路。	连接 焊接达要求	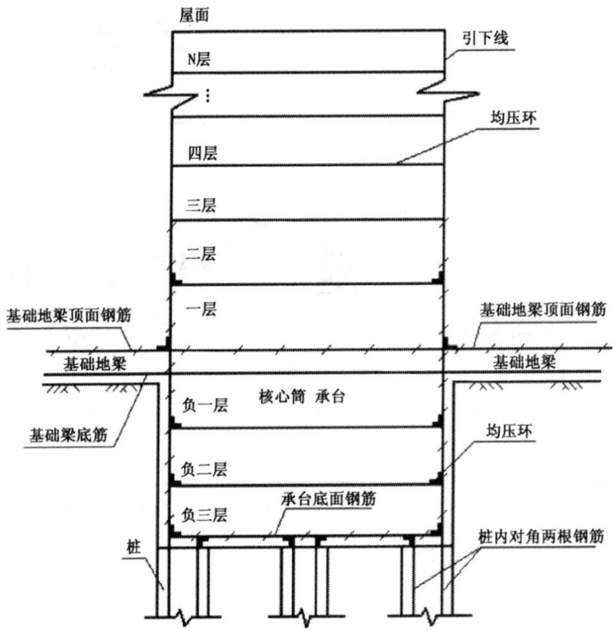 屋面 N层 四层 三层 二层 一层 负一层 负二层 负三层 核心筒 承台 引下线 均压环 基础地梁顶面钢筋 基础地梁 基础梁底筋 承台底面钢筋 桩 桩内对角两根钢筋
核心筒与引下线及承台焊接	QX/T 106	核心筒外圈两根钢筋分别与引下线及承台底筋、面筋焊接成电气回路。	同上	
核心筒承台地梁引下线连接	QX/T 106	承台面筋与核心筒外圈钢筋、基础地梁、引下线焊接成电气回路。	同上	
等电位连接	QX/T 106	所有跨接焊采用 Φ10 的圆钢。单边焊接长度应大于 12D，双边焊接长度应大于 6D。	同上	

表 2.14　均压环的防雷跟踪检测要求

检测项目	立项依据	检测结果	检测质量	图例
均压环起始层	GB 50057—2010，QX/T 106	30 m 高度以上的建筑物，必须设计均压环，并使该高度以上的门、窗及大金属物与防雷装置相连接。		铝合金门窗外框 ≥Ø8接均压环或引下线 ≥-12 mm×4 mm镀锌扁钢焊接或≥M4螺丝铆接 楼层均压环 引下线 套房　浴室　LEB₂　LEB₁　SPD₂　SPD₃ 强电井　LEB　SPD₁ 弱电井　LEB　SPD₃ 电梯 ≥Ø10的圆钢从强电井引至每户的总电源箱和浴室 LEB——强、弱电井接地端子盒； LEB₁——套房总开关接地端子盒； LEB₂——浴室接地端子盒； SPD₁——第二级电源电涌保护器； SPD₂——第三级电源电涌保护器； SPD₃——信号电源电涌保护器； —·—·—接地(等电位)连接，利用梁(板)内主筋； ↙——引下线。
预留钢筋焊接	根据 GB 50057—2010 第 4.2.4 条、第 4.3.10 条、第 4.4.10 条规定。	门、窗框的每侧至少应有一条≥Φ8 的钢筋用作均压环的引下线。在预留钢筋处的搭接效果良好。填写预留钢筋数量及焊接质量。	合格：连接正确，焊接长度、质量基本良好。	
门、窗一环过渡电阻	根据 GB 50057—2010 第 4.2.4 条、第 4.3.9 条、第 4.4.8 条规定。	检查门、窗一环的电气通路情况，可用万用表进行检测，将检测后的过渡电阻值填入本栏。如测得均压环 1.0Ω，金属窗 1.03Ω，则填：过渡电阻＝0.03 Ω(要求门、窗一环≤0.03Ω)	合格：过渡电阻小于 0.03Ω(数量不超过 3 个≤0.05Ω 时)。	
均压环与柱主筋连接	根据 GB 50057—2010 第 5.2.12 条。	检查是否有均压环？均压环有没有与用作引下线的柱主筋连接？其连接正确与否？(30 m 高度以上的建筑物，必须设计均压环，并使该高度以上的门、窗及大金属物与防雷装置相连接。)	合格：连接正确，焊接长度、质量基本良好。	

表 2.15　接闪网格的防雷跟踪检测要求

检测项目	立项依据	检测结果	检测质量	图例
规格	根据 GB 50057—2010 第 5.2.12 条。	按照防雷类别填写： 一类填写：不大于 5m×5m 或 4m×6m； 二类填写：不大于 10m×10m 或 8m×12m； 三类填写：不大于 20m×20m 或 16m×24m。	合格：符合规范要求。	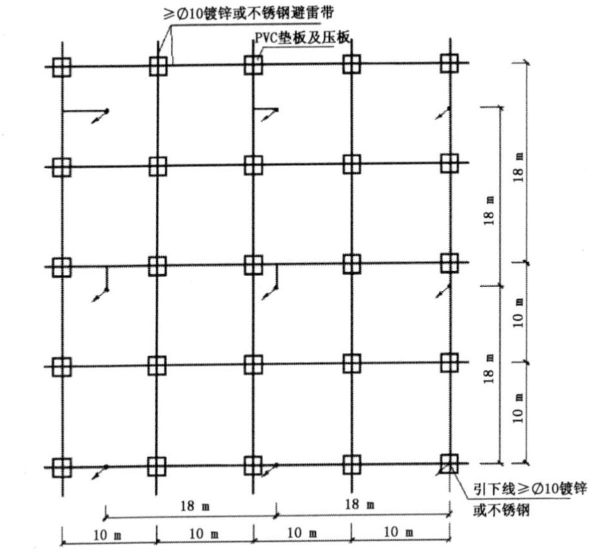 ≥Ø10镀锌或不锈钢避雷带 PVC垫板及压板 18 m 18 m 10 m 10 m 10 m 10 m 引下线≥Ø10镀锌或不锈钢 图例中的尺寸为第二类防雷建筑物
敷设类别	根据 GB 50057—2010 第 4.2.4 条。	分明敷和暗敷，明敷与暗敷均要检查网格尺寸。	合格：明敷平直，无起伏和弯曲，拐弯处大于 90°，焊接良好，支持卡搭接焊，焊接处防锈处理良好。	
网格焊接	根据 GB 50057—2010 第 6.2.4 条、第 6.2.5 条。	避雷网格一般利用天面板筋焊接而成，因此，要求用不小于 Φ8 的钢筋，按规定网格大小敷设，并让两端与柱的主筋引下线相焊接。检查焊接长度：单边焊接长度应大于 12D，双边焊接长度应大于 6D，是连续焊还是间隙点焊，将检查结果记入本栏。	合格：焊接质量基本良好。	

续表

检测项目	立项依据	检测结果	检测质量	图例
与引下线连接	根据 GB 50057—2010 第 5.2.12 条。	检查网格与柱主筋引下线连接的质量：网格纵横向钢筋的两端必须与各柱主筋焊接连通。	合格：连接正确，焊接长度、质量基本良好。	
预留接地	根据 GB 50057—2010 第 4.1.2 条、第 5.3.5 条、第 6.1.1 条，及 GB50343—2012 第 5.2.2 条规定。	天面预留接地是天面电气设备及其他设施接地用。按设计图纸检查及填写。	合格：按设计图纸位置预留，焊接长度、质量基本良好。	
避雷网格材料	根据 GB 50057—2010 第 5.2.12 条规定。	圆钢明敷≥Φ8、暗敷≥Φ10；扁钢截面不小于 48 mm^2，厚度不小于 4 mm。如：Φ12 圆钢。	合格：材料规格符合要求。	

表 2.16 接闪带的防雷跟踪检测要求

检测项目	立项依据	检测结果	检测质量	图例(单位:mm)
接闪带与主筋引下线相连接	根据 GB 50057—2010 第 4.2.4 条、第 4.3.3 条。	检查接闪带有否与用作引下线的柱主筋相连接。因此,主要检查用作引下线柱的主筋预留端有否作为支持卡与接闪带焊接,并检查其搭接长度是否符合要求。	合格:连接正确,焊接长度、质量基本良好。	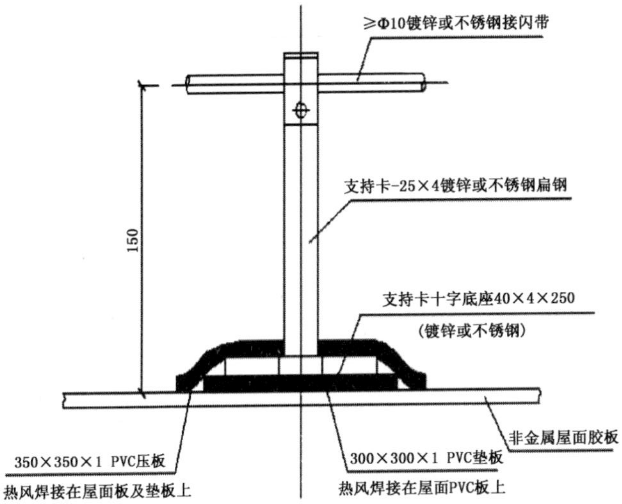 ≥Φ10镀锌或不锈钢接闪带 支持卡-25×4镀锌或不锈钢扁钢 150 支持卡十字底座40×4×250 (镀锌或不锈钢) 非金属屋面胶板 350×350×1 PVC压板 热风焊接在屋面板及垫板上 300×300×1 PVC垫板 热风焊接在屋面PVC板上
敷设方式	根据 GB 50057—2010 第 6.1.1 条。	填写明敷或暗敷。30 m 以上建筑物须采用明敷,30 m 以下建筑物允许采用暗敷。暗敷时应用 2 根大于 Φ8 钢筋并排敷设,或用 4×40 扁钢敷设,表面水泥厚度不大于 2cm。明敷时带体用≥Φ8 镀锌圆钢。	合格:明敷平直,无起伏和弯曲,拐弯处大于 90°,焊接良好,支持卡搭接焊,焊接处防锈处理良好。	
支持卡间距、高度	根据 GB 50057—2010 第 5.2.6 条。	检查支持卡间距要求:一般不大于 1.5 m,高度为 10～15 cm。按实际间距填写。支持卡应以"┌"形式与接闪带牢固焊接。	合格:间距符合设计要求,支持卡垂直并焊接质量基本良好。	
材料、规格	根据 GB 50057—2010 表 5.2.1。	要求优先采用镀锌圆钢,规格不小于 Φ8,其次可采用镀锌扁钢,规格为 4×12。按实际材料规格填写。	合格:材料规格符合要求。	

续表

检测项目	立项依据	检测结果	检测质量	图例
闭合环测试	根据 GB 50057—2010 第 4.2.4 条、第 4.3.1 条及第 4.4.1 条规定。	闭合环是指一个完整的闭合接闪带。任何两点之间都必须连通。	合格：环路测试任意两点间均正常。	
接地电阻	根据 GB 50057—2010 第 4.2.1 条、第 4.3.6 条及第 4.4.6 条规定。	参照设计要求，填写接闪杆、带的实测接地电阻值。自然接地体的一般要求＜1Ω 或＜4Ω；人工接地体的第一、二类防雷≤10Ω；第三类防雷≤30Ω。	合格：符合设计要求。	
防腐措施	根据 GB 50057—2010 第 5.2.9 条规定。	在接闪带及其焊接部位用油漆或沥青作防腐处理。	合格：符合规范要求。	
转弯角、伸缩缝安装	根据 98ZD501—13 规定。	按转弯角大于 90°、伸缩缝 U 型连接填写。	合格：连接正确，焊接长度、质量基本良好。	

表 2.17 接闪杆的防雷跟踪检测要求

检测项目	立项依据	检测结果	检测质量	图例(单位:mm)
材料、规格	根据 GB 50057—2010 第 5.2.2 条规定。	填写实测数据:镀锌针长 1 m 以下:圆钢为 Φ12 mm,钢管为 Φ20 mm;镀锌针长 1～2 m 以下:圆钢为 Φ16 mm,钢管为 Φ25 mm;烟囱顶上针:圆钢为 Φ20 mm,钢管为 Φ40 mm。	合格:≥Φ12(Φ20),≥Φ16(Φ25),≥Φ20(Φ40)(注:括号内为钢管)	≤2000 焊接 ≤2000
安装高度(m)	根据设计要求。	填写接闪杆的露空实际长度。	合格:符合设计要求。	
安装位置	根据 GB 50057—2010 附录 D 规定。	安装在建筑物易受雷击的部位。填写具体位置:女儿墙、屋角、水塔、楼梯、屋顶、人字屋面的脊的两端等。	合格:安装位置、安装牢固程度符合要求。	
连接形式	根据 GB 50057—2010 第 4.3.1 条和第 4.4.1 条规定。	建筑物天面接闪杆应与接闪带相互连接,并成为电气通路。连接形式为:针与带间成弧形搭接,不要成直角。	合格:杆、带、引下线之间连接正确,焊接良好,机械连接每处过渡电阻≤0.03Ω。	
接地电阻	根据 GB 50057—2010 第 4.2.1 条、第 4.3.6 条及第 4.4.6 条规定。	同接闪带中接地电阻的要求。	合格:符合设计要求。	
接闪杆保护范围	根据 GB 50057—2010 附录四规定。	用滚球法计算接闪杆的保护范围,填写保护半径。	合格:用滚球法校验,接闪杆保护在有效保护高度范围内。	
防腐措施	根据 GB 50057—2010 第 5.2.9 条规定。	在接闪杆及其焊接部位用油漆或沥青作防腐处理。	合格:符合规范要求。	

表 2.18　等电位及等电位连接环的防雷跟踪检测要求

检测项目	立项依据	检测结果	检测质量	图例(单位:mm)
天面金属物体与接闪带相连	根据 GB 50057—2010 第 4.3.2 条;GB J303—88 第 5.0.2 条规定。	与接闪带相连不少于 2 处(对角),材料、规格符合要求。各种设备的防雷设施引下线不得串联,应各自与接地体装置连接(并联)。	合格:连接正确,焊接长度、质量基本良好。	
竖直金属管道接地	根据 GB 50057—2010 第 4.3.2 条,第 4.3.9 条、第 4.4.8 条规定。	可在金属管道的顶端和底端与防雷装置连接,设计时应预留接地。	合格:连接不少于 2 处,测量电阻符合要求。	
电梯接地	根据 JGJ/T 16—92 第 14.6.3.4 条规定。	电梯导轨接地,每条不少于 2 处。设计时应从柱内钢筋预留。	合格:连接不少于 2 处,测量电阻符合要求。	
低压配电重复接地	根据 JGJ/T 16—92。	检查有否重复接地和接地的方法。测量接地电阻值,应≤10Ω。	合格:符合规范要求。	
低压配电保护接地	根据 JGJ/T 16—92。	检查有否重复接地和接地的方法。测量接地电阻值,应≤10Ω。	同上	
地下供水管道接地	根据 GB 50057—2010 第 4.3.2 条和 GB 50028—93。	检查有否同大楼防雷接地相连,并测量接地电阻值。	同上	

续表

检测项目	立项依据	检测结果	检测质量	图例
地下燃气管道与其他金属管道的距离	根据 GB 50057—2010 第 4.3.2 条，第 4.3.9 条、第 4.4.8 条和 GB 50028—93。	地下燃气管道离建筑物基础≥0.7 m，离供水管≥0.5 m，离排水管≥1.0 m，离电缆≥0.5 m(以上均指水平距离)。 地下燃气离其他管道或电缆(套管)的垂直距离≥0.15 m，强调燃气管道进出口处必须与防雷接地连接，并应有两处接地(应符合 GB 50028—93 第 5.3.2 条 1,2 的要求)。	合格：符合规定。	
等电位连接环	根据 GB 50057—2010。	环间垂直距离不应大于 12 m。		
外墙栏杆、门窗等较大金属物接地	根据 GB 50057—2010 第 4.2.4 条、第 4.3.9 条、第 4.4.8 条规定。	检查超过滚球半径高度(如设计高度低于滚球半径，则按设计高度)以上的建筑物，其外墙上的栏杆、门窗等较大金属物接地情况，填写大金属物接地电阻值。	合格：测量接地过渡电阻≤0.03 Ω。	
玻璃幕墙接地	根据 GB 50057—2010 第 4.3.2 条，第 4.3.9 条、第 4.4.8 条规定。	玻璃幕墙与设计时应预留接地端子的接地情况。填写玻璃幕墙接地电阻值。	合格：符合设计要求，测量电阻符合要求。	

续表

检测项目	立项依据	检测结果	检测质量	图例
进出建筑物金属管道接地	根据 GB 50057—2010 第 4.2.2 条、第 4.2.3 条、4.4.4 条规定。	检查进出建筑物金属管道应在防雷区交界处与防雷装置连接，设计时应预留接地。	合格：测量电阻符合要求。	
总等电位端子板及接地电阻	根据 GB 50057—2010 第 5.3.6 条、第 6.1.1 条，及 GB 50343—2012 第 5.2.2 条规定。	检查在直击雷非防护区或直击雷防护区与第一防护区交界处设置总等电位端子板情况。填写总等电位端子板规格及接地电阻。	合格：符合设计要求，测量电阻符合要求。	
强电井接地母线	同上	检查在强电井安装的接地母线情况，填写接地母线规格、接地电阻。	合格：符合设计要求，测量电阻符合要求。	
弱电井接地母线	同上	检查在弱电井安装的接地母线情况，填写接地母线规格、接地电阻。	合格：符合设计要求，测量电阻符合要求。	

表 2.19　避雷器的防雷跟踪检测要求

检测项目	立项依据	检测结果	检测质量	图例
高压电缆敷设方式	根据 GB 50168	填写架空或埋地，同时应符合 GB 500168—90 第 5.4.3 条要求。	合格：符合设计要求。	SPD E/1 a b 总接地端子或保护母线 $a+b \leq 0.5$ m。
高压避雷器型号	根据 GB 50057—2010 和 JGJ/T 16	（FB、FCD、GB）填写产品型号。	同上	
低压线路敷设方式	根据 GB 50057—2010 第 4.2.3 条、第 4.3.9 条、第 4.4.8 条，及 GB 14050—93 规定。	根据设计要求，填写架空或埋地、TN－S、TN－C、TN－C－S 等。	合格：符合设计要求。	
低压避雷器型号、通流量、阻燃防爆	同上	填写产品型号。 按指标数据填写流通量、防爆情况。	同上	
低压线路保护级数	同上	按检测时实际情况填写：分为一、二、三、四、五级保护。	同上	
避雷器接地	同上	填写实际接地电阻值，应符合 JG/T 16—92 表 13.3.1 要求。	同上	
低压线路屏蔽及接地电阻	根据 GB 50057—94 第 3.3.9 条规定。	根据设计要求，填写铠装电缆、一般电缆套金属管及接地电阻。	合格：符合设计要求。	

续表

检测项目	立项依据	检测结果	检测质量	图例
低压配电重复接地	JGJ/T 16—92，及 GB 50057—2010 第 4.4.7 条规定。	检查有否重复接地和接地的方法。测量接地电阻值应与共用接地电阻一致。填写总等电位端子板规格及接地电阻。	合格：符合设计要求，测量电阻、材料、规格均符合要求。	
低压配电保护接地	根据 JGJ/T 16—92 及 GB 50057—2010 第 4.4.7 条规定。	检查有否保护接地和接地的方法。测量接地电阻值应与共用接地电阻一致。填写总等电位端子板规格及接地电阻。	合格：符合设计要求，测量电阻、材料、规格均符合要求。	
电涌保护器安装级数	根据 GB 50057—2010 第 5.4.3 条。	检查是否按设计的级数要求安装电涌保护器。填写级数。	合格：符合设计要求。	
电涌保护器安装位置、型号参数	同上	检查是否按设计要求安装电涌保护器，填写位置及型号参数是否符合设计要求。	合格：符合设计要求。	
电涌保护器安装质量、接地电阻	根据 GB 50057—2010 第 5.4.3 条。	检查并填写安装电涌保护器接地线规格、电涌保护器间隔是否符合规范要求，测量接地电阻值应与共用接地电阻一致。	合格：符合规范要求。	

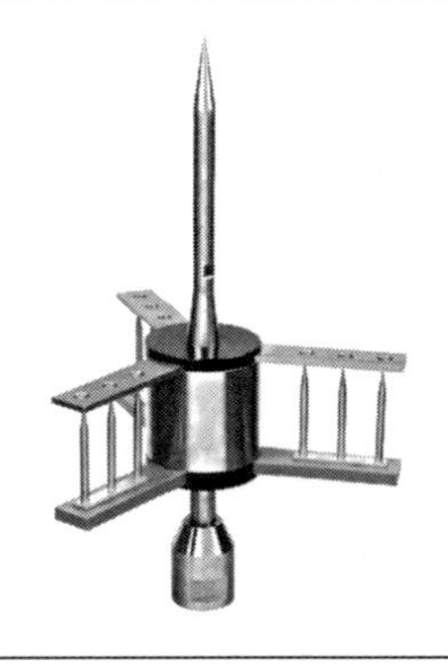

六、防雷装置定期检测

1. 防雷装置定期检测的定义和对组织、实施单位的要求有哪些？

2. 防雷装置定期检测的重要性与必要性是什么？

3. 防雷装置定期检测的法律依据有哪些？

4. 防雷装置定期检测的周期有多长？

5. 防雷装置定期检测的工作流程有哪些？

6. 什么是防雷技术服务电话回访？回访内容是什么？回访时间一般是什么时候？

7. 防雷装置定期检测要用到的气象观测资料有哪些？

8. 防雷装置定期检测的技术标准有哪些？

9. 防雷装置定期检测的检测范围有哪些？

10. 防雷装置定期检测主要项目有哪些？

11. 防雷装置定期检测的仪器主要有哪些？

12. 防雷装置定期检测的现场操作流程有几步？

13. 检测报告的编制依据主要有哪些？

14. 检测平面示意图应包含哪些基本要素？

15. 防雷装置定期检测中，可利用看、问、量、画、测、算六个步骤进行检测，各个步骤分别指的是什么检测内容？

16. 什么是防雷检测原始记录，原始记录的填写有哪些要求？

17. 建筑物天面检测要点有哪些？

18. 引下线检测有哪些要点？

19. 防侧击雷检测有哪些要点？

20. 接地装置检测有哪些要点？

21. 电力、信号入户线路检测的要点有哪些？

22. 内部设备、设施检测的内容有哪些?

23. 计算机机房检测内容有哪些?

24. 计算机机房等电位连接、线路敷设和屏蔽性能检测内容有哪些?

25. 计算机机房供配电源质量及机房防静电性能检测内容有哪些?

26. 计算机机房电涌保护器检测内容有哪些?

27. 加油、加气站防雷检测的内容主要包含哪些?

28. 加油、加气站建(构)筑物、罐体及相关设施的检测内容有哪些?

29. 加油、加气站供配电系统检测、检查内容有哪些?

30. 加油、加气站 SPD 检测、检查内容有哪些?

31. 防雷装置定期检测中,除了检测技术、方法、流程外,还有哪些需要注意的事项?

32. 加油站防雷装置安全检测技术方案包含哪些内容(举例说明)?

33. 炸药库防雷检测有哪些技术要点?

34. 地铁防雷检测的主要区域、检测内容和注意要点有哪些?

35. 大桥防雷检测的主要内容和注意要点有哪些?

36. 电源 SPD 有哪些类型? 请简述其检测方法。

37. 不同类型 SPD 的压敏电压、漏电流等参数怎样进行测试?

38. 油库综合防雷技术服务的应用与研究包括哪些方面?

1. 防雷装置定期检测的定义和对组织、实施单位的要求有哪些?

答:防雷装置定期检测是指根据防雷装置设计、施工和检测标准,对防雷装置的安全设置和性能特性进行定期检查、测试和综合分析处理的过程,由当地气象主管机构负责组织管理,实施单位必须具有防雷装置检测资质。

2. 防雷装置定期检测的重要性与必要性是什么?

答:防雷装置在投入使用后,由于长年暴露在外,风雨剥蚀、自然老化等因素影响,导致接闪装置锈蚀、引下线断开、接地装置腐蚀严重、电涌保护器(SPD)老化失效等现象,使得防雷设施不仅不能起到良好的防雷效果,还会导致引雷却无法泄放、漏电等情况,会给人们生命财产带来严重的威胁。此外,在防雷设施验收后,有人在接闪器支架上附着入户的网线、电话线等金属线缆,在楼顶自行盖起棚房,最为常见的是在楼顶架设太阳能集热器和天线,如果不经过防雷检测,及时查出隐患并进行整改,很容易造成雷击事故。因此,进行定期防雷安全检测是非常重要的,也是非常必要的。

3. 防雷装置定期检测的法律依据有哪些?

答:主要有《中华人民共和国气象法》(国家主席第23号令)、《中华人民共和国建筑法》(国家主席第46号令)、《中华人民共和国安全生产法》(国家主席第70号令)、《气象灾害防御条例》(国务院第570号令)、《防雷减灾管理办法(修订)》(中国气象局第24号令)等法律法规,部分相关条款如下:

1)自2000年1月1日起施行的《中华人民共和国气象法》第三十一条规定,各级气象主管机构应当加强对雷电灾害防御工作的组织管理,并会同有关部门指导对可能遭受雷击的建筑物、构筑物和其他设施安装的雷电灾害防护装置的检测工作。安装的雷电灾害防护装置应当符合国务院气象主管机构规定的使用要求。

2)2013年5月31日颁布的《防雷减灾管理办法(修订)》第四章对防雷检测有明确的规定。

4. 防雷装置定期检测的周期有多长?

答:投入使用后的防雷装置实行定期检测制度。防雷装置应当每年检测一次,对爆炸和火灾危险环境场所的防雷装置应当每半年检测一次。

5. 防雷装置定期检测的工作流程有哪些?

答:防雷装置定期检测的工作流程如图2.10所示。

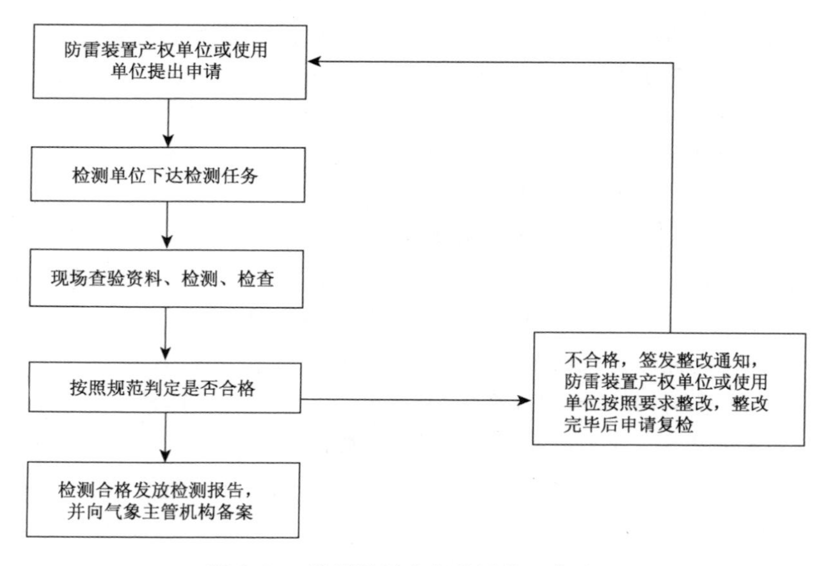

图 2.10　防雷装置定期检测的工作流程

6. 什么是防雷技术服务电话回访？回访内容是什么？回访时间一般是什么时候？

答：服务回访是指防雷技术服务机构对自身服务行为进行的回访，并接受气象主管机构的监督管理；为了便于回访工作的开展，防雷技术服务人员在受理服务项目时必须详细登记服务对象的名称、地址、联系人和联系电话。回访内容主要包括：服务及时性、廉洁自律、服务满意度及对方的意见和建议。回访时间一般为 3 个时间点：检测服务后一周内，每年汛期来临前一个月（一般为每年的 3 月），每年汛期结束后一个月（一般为每年的 10 月）。

7. 防雷装置定期检测要用到的气象观测资料有哪些？

答：要用到的气象观测资料主要有历史雷暴日观测资料（年平均雷暴日）和 2005 年以来的雷电监测资料（年平均闪电密度、强度和极性等）。

8. 防雷装置定期检测的技术标准有哪些？

答： 1）建（构）筑物方面

①《建筑物防雷装置检测技术规范》（GB/T 21431—2008 ）。

②《建筑电气工程施工质量验收规范》（GB 50303—2011）。

③《建筑物防雷设计规范》（GB 50057—2010）。

④《民用建筑电气设计规范》（JGJ 16—2008）。

2)易燃易爆场所方面

①《建筑物防雷设计规范》(GB 50057—2010)。

②《爆炸和火灾危险环境电力装置设计规范》(GB 50058—92)。

③《汽车加油加气站设计与施工规范》(GB 50156—2012)。

④《石油库设计规范》(GB 50074—2011)。

⑤《防止静电事故通用导则》(GB 12158—2006)。

⑥《城镇燃气设计规范》(GB 50028—2006)。

⑦《烟花鞭炮工程设计安全规范》(GB 50161—2009)。

⑧《民用爆破器材工程设计安全规范》(GB 50089—2007)。

3)弱电及微电子设备场所方面

①《建筑物防雷设计规范》(GB 50057—2010)。

②《建筑物电子信息系统防雷技术规范》(GB 50343—2012)。

③《电子计算机机房设计规范》(GB 50174—2008)。

④《计算机场地通用规范》(GB/T 2887—2011)。

⑤《计算机场地安全要求》(GB/T 9361—2011)。

⑥《通信局(站)防雷与接地工程设计规范》(GB 50689—2011)。

9. 防雷装置定期检测的检测范围有哪些?

答:1)《建筑物防雷设计规范》规定的第一、二、三类防雷建筑物。

2)油库、气库、加油加气站、油(气)管道站场、阀室、炸药库(弹药库)等爆炸和火灾危险环境及设施。

3)邮电通信、交通运输、广播电视、医疗卫生、金融证券、文化教育、不可移动文物、体育、旅游、游乐场所等社会公共服务场所和设施以及各类电子信息系统。

4)按照有关规定应当安装防雷装置的其他场所和设施。

10. 防雷装置定期检测主要项目有哪些?

答:已投入使用的接闪器、引下线、接地装置、等电位连接、屏蔽措施及 SPD 安装情况等。

11. 防雷装置定期检测的仪器主要有哪些?

答:接地电阻测试仪、过渡电阻测试仪、表面阻抗测试仪、静电测试仪、对讲机、漏电测试仪、压敏电压测试仪、万用表、照相机、米尺、游标卡尺等。

12. 防雷装置定期检测的现场操作流程有几步？

答：1）检测前应对使用的仪器仪表进行检查，查明其是否处于正常可使用状态，且处于计量检定合格证有效使用期内。

2）对首次受检单位，应先通过查阅防雷装置技术资料、图纸和受检单位介绍，了解受检方的防雷设施基本情况，然后进行检测。

3）按照先检测外部防雷装置，后检测内部防雷装置的顺序进行，及时将检测结果填入检测记录表。

4）应在现场绘制防雷装置分布图。

13. 检测报告的编制依据主要有哪些？

答：受检测单位提供的基本情况，包括原设计图纸、施工图纸、施工隐蔽记录、验收资料；检测时的现场记录；分类检测对应的国家标准和行业标准；历史检测资料；历史雷电监测资料（包括年平均雷暴日和年平均闪电密度等资料）。

14. 检测平面示意图应包含哪些基本要素？

答：被检对象基本形状，被检对象长、宽、高，接闪器、引下线、接地装置等检测点的位置，电气预留点，配线拓扑图，SPD 拓扑图。

15. 防雷装置定期检测中，可利用看、问、量、画、测、算六个步骤进行检测，各个步骤分别指的是什么检测内容？

答：1）看

①查看受检项目的分布情况，以确定检测仪器的摆放位置。

②查看被保护物所采用接闪器的类型、布局、施工工艺、材质、规格等方面是否满足规范的要求。

③查看接闪器上有无断裂、腐蚀情况，以及是否有其他导体或耐压很低的导线缠绕在其上面，特别是电话线、有线电视信号线、计算机信号线和照明线路等。

④查看天面的所有金属物是否与防雷装置进行等电位连接。

⑤查看接闪器、引下线、接地体相互之间的连接是否牢固可靠，敷设是否平直，用材是否合格，腐蚀和机械损伤情况如何。

⑥检查引下线（特别是明敷引下线）材质、规格、施工工艺等，以及与其他线路、管道等之间的距离。

⑦查看明敷的引下线是否以最短路径接地，采用多根引下线时近地面处是否有断接卡，在易受机械损坏和防人身接触的地方是否采取必要的防护措施。

⑧查看被保护物外部和内部的各种防雷设施设备、建（构）筑物的构架、金属

装置、外来的导体、电气装置、通信装置及其他设备是否进行有效的等电位连接。

⑨查看电子信息系统机房的分布位置、设施设备安装情况等。

⑩查看各级 SPD 的型号之间的匹配、工作状况，安装是否规范，绝缘是否良好，若是采用多级 SPD 看相互间的配合是否得当。

2)问

①询问受检项目的使用性质，主要是考虑发生雷电灾害的可能性及后果来判别防雷类别。

②询问以往的雷击情况，并了解检测内容是否有变化等。

③对于隐蔽工程，如暗敷的引下线，地埋的接地体可以采取通过查看施工图纸和询问当事人的途径对所用材料、埋设部位、布设间距进行了解。

3)量

①测量防雷装置各部分的用材(直径、面积、厚度等)，搭、焊接长度及引下线、接地桩的间距是否符合规范要求。

②测量建筑物长、宽、高和接闪杆、接闪带高度以及与其相邻建筑物的高度。

③测量(了解)人工接地体距建筑物或人行道的距离是否大于 3 m，埋入深度是否符合规定要求。

4)画

就是要根据所掌握的具体情况绘制出现场建(构)筑物和防雷设施草图，标注各类防雷装置和被保护设施设备的具体位置。

5)测

这一步主要是通过仪器进行测试，获取详细数据。测建(构)筑物防雷装置和设备是否进行有效的等电位电气连接；测接闪器、引下线、接地体电气连接情况和接地电阻，判断相互连接的导通性，阻值是否达到规范要求；测 SPD 的漏电流和压敏电压及接地连接情况。

6)算

依照所测数据，进行计算判断。对直击雷的保护范围要用滚球法计算接闪杆、架空接闪线的保护范围；计算建(构)筑物年预计雷击次数，计算安全距离、跨步电压，模拟和估算整体安全性能。

16. 什么是防雷检测原始记录，原始记录的填写有哪些要求？

答：防雷检测原始记录是指在项目现场进行防雷检测时，针对现场防雷装置的情况，如实填写的相关检测结果和数据，其内容应包括所有应检项目的内容，使未参加检测的人员能从记录上查到编制检测报告所需的全部信息并能据此判断受检建(构)筑物的防雷(防静电)装置的安全性能，同时要求能复原此检测。

原始记录的填写有如下要求：

1)应由检测人员在检测过程中及时填写，不得凭回忆追记或事后抄正，应按原始记录表如实完整地填写原始记录，填写应用钢笔或签字笔，不得使用铅笔或圆珠笔，字迹要端正清晰，内容要真实完整，空白栏应划“—”，不得省略。原始记录不得随意更改和增减。当发生个别确需更改时，则在被更改的字上划两行平行线，改正字写在上方，并在被改正字上加盖检测员的改正专用章。

2)测点平面示意图。平面示意图所画建筑物的平面形状、凹凸、朝向应与实际相符，长宽比例基本符合；天面或地面上所标示的建(构)筑物、设施的方位与实际相符(以建筑物为参照)。

3)测点平面示意图应标明测点位置，并进行编号，测点编号应同测试数据记录序号对应，所有测点均不用说明具体位置(已图示明白)，但需在测点平面示意图加注说明各测点是什么对象。

4)当过渡电阻测试点较多时，应分别制作接地电阻、过渡电阻测点平面示意图。

5)原始数据读取、运算及数据修约的有效位数(小数保留位数)，应满足各项检测有效数据的检测标准要求，数值的单位必须采用法定计量单位。

6)检测完毕后，检测相关人员应在原始记录指定位置处签名。

17. 建筑物天面检测要点有哪些?

答:1)接闪器

①接闪杆所用材料:接闪杆的材质和规格检测结论。

②接闪杆架设位置:接闪杆与被保护物及其他物体间的安全距离检测结论。

③接闪杆保护范围:接闪杆的保护范围检查结论。

④接闪杆引下连接:接闪杆引下线的连接方式、所用材料、焊(卡)接质量检查结论。

⑤接闪带所用材料:接闪带的材质和规格检测结论。

⑥接闪带布设位置:接闪带安装位置的检查结论。

⑦接闪带形状:接闪带构成形状的检查结论。

⑧接闪带引下连接:接闪带与引下线的连接方式、所用材料、焊(卡)接质量，检查结论。

⑨接闪网格所用材料:接闪网格的材质和规格检测结论。

⑩接闪网格安装形式:接闪网格敷设形式的检查结果。

⑪接闪网格网格密度:接闪网格密度检测结果。

⑫接闪网格引下连接:接闪网格与接闪带、引下线的连接方式、所用材料、焊(卡)接质量，检查结论。

2)大型金属构件

①金属构件间的等电位连接:金属构件间的等电位连接过渡电阻的检测结果。

②金属构件与接闪带的连接:金属构件与接闪带间连接过渡电阻的检测结果。

③连接用材料:等电位连接所用材料的型号规格。

3)供电、信号及通信线路

①敷设方式:天面上的供电、信号及通信线路的敷设方式。

②屏蔽保护措施:线路屏蔽保护措施检测结论。

③屏蔽保护与接闪带连接:线路屏蔽保护层与接闪带连接的检测结论。

4)天面附属设备

①天面附属设备名称:天面需要检测附属设备的名称。

②直击雷防护:天面附属设备直击雷防护的检测结论。

③感应雷防护:天面附属设备感应雷的检测结论。

④等电位连接:天面附属设备的等电位连接检测结论。

18. 引下线检测有哪些要点?

答:1)敷设方式:引下线的敷设方式。

2)数目:引下线的数目。

3)分布位置:引下线布设位置的检测结论。

4)平均间距:引下线的平均间距。

5)材料、规格:引下线所用的材料和规格。

6)紧固、焊接:引下线螺栓卡接或焊接质量的检测结论。

7)断接卡:断接卡安装质量的检测结论。

19. 防侧击雷检测有哪些要点?

答:1)金属门窗等电位连接检测点数:检测的金属门窗总数。

2)金属门窗等电位连接平均过渡电阻:平均过渡电阻阻值。

3)金属门窗等电位连接综合评定:金属门窗等电位连接的检测结论。

4)外墙大型金属物与均压环等电位连接检测点数:外墙大型金属物与均压环等电位连接检测点总数。

5)外墙大型金属物与均压环等电位连接平均过渡电阻:平均过渡电阻阻值。

6)外墙大型金属物与均压环等电位连接综合评定:外墙大型金属物与均压环等电位连接检测结论。

7)玻璃幕墙、外装饰板金属框架等电位连接检测点数:玻璃幕墙、外装饰板金属框架与均压环等电位连接检测点总数(见图 2.11)。

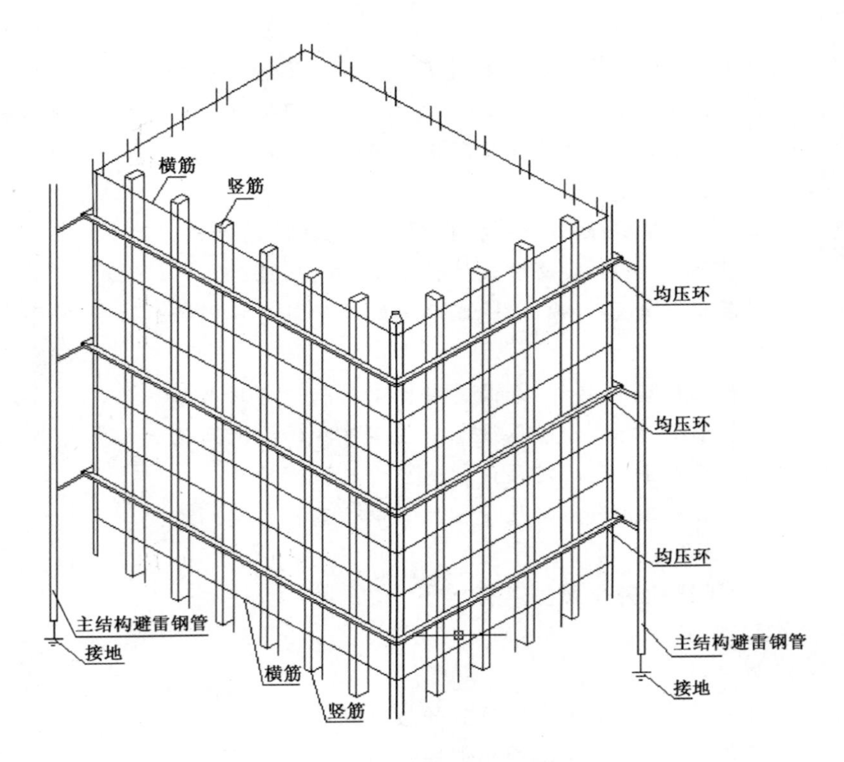

图 2.11　幕墙避雷系统示意图

8)玻璃幕墙、外装饰板金属框架等电位连接平均过渡电阻:平均过渡电阻阻值。

20. 接地装置检测有哪些要点?

答:1)接地装置形式:自然接地或人工接地装置。

2)接地方式:联合接地或防雷、供电保护等分别独立接地。

3)检测点数:检测接地系统的接地阻值的检测点总数。

4)平均工频接地阻值:检测点的平均工频接地阻值。

21. 电力、信号入户线路检测的要点有哪些?

答:电力、信号入户线路检测要点参见图 2.12,可分为 10 项。

1)电力入户线编号:应对照图纸写出编号或注明入户位置,如 BV－125－004,入户位置为－1 层东北角。

2)电力入户线敷设方式:埋地引入(穿金属管、屏蔽电缆、普通线缆),架空引入(屏蔽电缆、普通线缆)。

3)电力入户线 SPD 安装位置:如变配电室低压柜母线上、12 楼楼层配电箱、三单元配电箱等。

4)电力入户线 SPD 安装质量:线路是否连接正确、安装工艺(线路是否短平直)、牢固程度等。

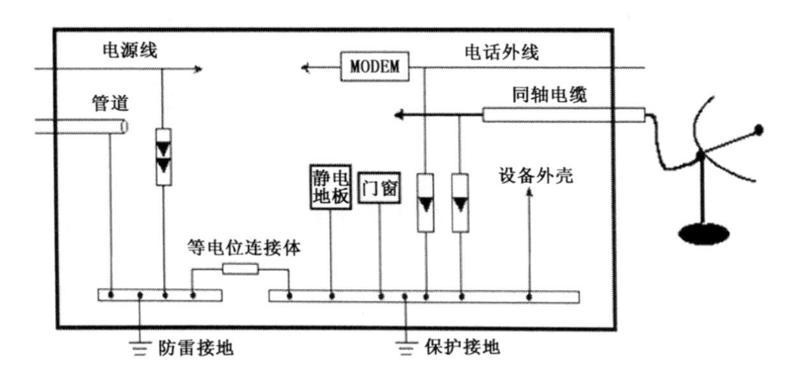

图 2.12　电力、信号入户线路检测示意图

5)电力入户线 SPD 运行情况:是否有翻牌、是否有灼烧痕迹等。

6)信号入户线名称、用途:网络线、电话线、监控视频线,以及线缆型号和对应哪些楼层区域。

7)信号入户线敷设方式:埋地引入(穿金属管、屏蔽电缆、普通线缆),架空引入(屏蔽电缆、普通线缆)。

8)信号入户线 SPD 安装位置:如 2 楼信号机房总交换机前端等。

9)信号入户线 SPD 安装质量:线路是否连接正确、安装工艺(线路是否短平直)、牢固程度等。

10)信号入户线 SPD 运行情况:是否有灼烧痕迹、是否有影响信号传输等。

22. 内部设备、设施检测的内容有哪些?

答:1)电梯:电梯雷电防护措施的检测结论。

2)中央空调:中央空调系统雷电防护措施的检测结论。

3)燃油、气锅炉:室内燃油、气锅炉雷电防护措施的检测结论。

4)其他室内设施:逐一填写名称及雷电防护措施的检测结论。

5)上、下水管道:上、下水管道入户处等电位连接的检测结论。

6)燃气、油管线:燃气、油管道入户处等电位连接的检测结论。

7)入户缆、线:入户电力、信号线入户处等电位连接的检测结论。

8)上、下水管井:上、下水管井内管道等电位连接的检测结论。

9)电力缆、线竖井:电力缆、线竖井内等电位连接的检测结论。

10)弱电电井:信号、通信缆、线竖井内等电位连接的检测结论。

11)消防管井:消防管井内管道等电位连接的检测结论。

23. 计算机机房检测内容有哪些?

答:主要包括机房所在建筑物的防直击雷、防侧击雷检测,机房内部等电位连接、线路敷设和屏蔽性能检测,供配电源质量及机房防静电性能检测,电涌保护器检测。

24. 计算机机房等电位连接、线路敷设和屏蔽性能检测内容有哪些?

答:1)等电位连接结构、材料。

2)总等电位连接带规格及连接情况。

3)局部等电位连接线规格及连接情况。

4)设备等电位连接线规格及连接情况。

5)环形导体、支架格栅等接地/过流电阻。

6)金属管道、线槽、桥架等接地。

7)供配电柜、箱、盘。

8)供配电电源线路敷设及屏蔽情况。

9)通信、信号线路(天馈、控制等)敷设及屏蔽情况。

10)机房屏蔽情况。

11)非金属外壳设备屏蔽。

12)光缆金属构件(接头、加强芯等)。

13)机房电磁兼容性能测试。

25. 计算机机房供配电源质量及机房防静电性能检测内容有哪些?

答:引入形式;接地保护方式;零—地串扰电压;表面静电电位;表面电阻率;静电网格接地电阻值;静电地板导电胶导电性能。

26. 计算机机房电涌保护器检测内容有哪些?

答:型号及数量;参数评定;安装质量(位置、连接情况、接地电阻、牢固程度);运行情况,共4点。

27. 加油、加气站防雷检测的内容主要包含哪些?

答:建(构)筑物、罐体及相关设施,供配电系统检测、检查,SPD检测、检查。

28. 加油、加气站建(构)筑物、罐体及相关设施的检测内容有哪些?

答:1)罩棚的类型规格、检测点数、检测结果和该项评价。

2)站房的类型规格、检测点数、检测结果和该项评价。

3)罐体的类型规格、检测点数、检测结果和该项评价。

4)供电电缆金属护套的类型规格、检测点数、检测结果和该项评价。

5)信息系统配线金属护套的类型规格、检测点数、检测结果和该项评价。

6)卸油(车)管口检测点数、检测结果和该项评价。

7)加油机外壳检测点数、检测结果和该项评价。

8)加油枪口检测点数、检测结果和该项评价。

9)卸车地类型规格、检测点数、检测结果和该项评价。

10)法兰、金属跨接线类型规格、检测点数、检测结果和该项评价。

11)静电接地仪的类型规格、检测点数、检测结果和该项评价。

29. 加油、加气站供配电系统检测、检查内容有哪些?

答:引入方式检测结果和该项评价;接地保护方式检测结果和该项评价。

30. 加油、加气站 SPD 检测、检查内容有哪些?

答:型号及数量;参数评定;安装质量(位置、连接情况、接地电阻、牢固程度);运行情况;是否为防爆型。

31. 防雷装置定期检测中,除了检测技术、方法、流程外,还有哪些需要注意的事项?

答:1)防雷装置检测不仅仅是指对接闪杆、接闪带、防静电接地等防雷装置的检测,同时只检测现存防雷装置是不够的,还应对受检单位的防雷措施是否完整配套进行全面评估,因为有些防雷技术措施是不需要防雷装置的。

2)很多受检单位的设施更新扩展很快,防雷检测人员要密切关注其雷电防护对象增加变动的情况。所以,对于一些年年检测、情况十分熟悉的受检单位,切忌去年检测哪些内容、今年照样检测那些内容,这样将可能漏检新增的内容。

3)对检测内容的变化,还不只是关注检测对象数量的增减,还要关注检测对象性能的改变。对防雷装置检测中得到的数据,不能满足于是否合乎规范要求,还应将其与前几次检测数据作对比,从中了解其变化趋势。

4)在每次防雷检测时,都要及时掌握和发现新情况、新问题、新变化,才不至于出现漏检和误判现象。

32. 加油站防雷装置安全检测技术方案包含哪些内容(举例说明)?

答:1)目录

①雷电的危害

②长沙地区雷电情况

a. 长沙市雷电分布情况

b. 长沙市雷电风险

③加油站防雷装置安全检测工作的必要性和重要性

④加油站防雷现状及存在隐患

⑤法律依据

⑥检测依据

⑦检测内容及范围

⑧检测费用概算

⑨防雷安全性能估算分析

2)雷电的危害

①直击雷破坏

当雷电直接击打在建筑物上,强大的雷电流使建(构)筑物水分受热汽化膨胀,从而产生很大的机械力,导致建筑物燃烧或爆炸。另外,当雷电击中接闪器,电流沿引下线向大地泻放时,这时对地电位升高,有可能向邻近的物体跳击,称为雷电“反击”,从而造成火灾或人身伤亡。

②雷电感应破坏

雷电感应破坏也称为二次破坏。它分为闪电静电感应、闪电电磁感应和闪电电涌侵入三种。

a. 闪电静电感应雷

带有大量负电荷的雷云所产生的电场将会在金属导线上感应出被电场束缚的正电荷。当雷云对地放电或云间放电时,云层中的负电荷在一瞬间消失了(严格说是大大减弱了),那么在线路上感应出的这些被束缚的正电荷也就在一瞬间失去了束缚,在电势能的作用下,这些正电荷将沿着线路产生大电流冲击。易燃易爆场所、计算机及其场地的防静电问题,应特别重视。

b. 闪电电磁感应雷

雷击发生在供电线路附近,或击在接闪带上会产生强大的交变电磁场,此交变电磁场的能量将感应于线路并最终作用到设备上。由于接闪带的存在,建筑物上落雷机会反倒增加,内部设备遭感应雷危害的机会和程度一般来说是增加了,对用电设备造成极大危害。因此,接闪带引下线通体要有良好的导电性,接地体一定要处于低阻抗状态。

c. 闪电电涌侵入的破坏

当闪电直接击中架空金属管线时(不在直击雷保护范围内),闪电电涌会沿架空管线侵入室内,这种高幅值电压波远远超过电气、电子设备的耐受能力,会引起设备损坏和起火,甚至导致人身伤亡事故。

3)长沙地区雷电情况

①长沙市雷电分布情况

长沙市位于湖南省中北部偏东,地形以丘陵和河谷盆地为主,海拔一般不超过 300m,所辖的处于西部的浏阳市地势相对较高,主要地形为丘陵和中低矮山。2008—2012 年这 5 年共监测闪电 74584 条,其中负地闪 69452 条,占总数的 93.11%,正地闪 5132 条,占总数的 6.89%。闪电强度 0~10kA 闪电次数较少,占总数的 2.48%;主要分布在 10kA~60kA,占总数的 88.83%,60kA 以上的强

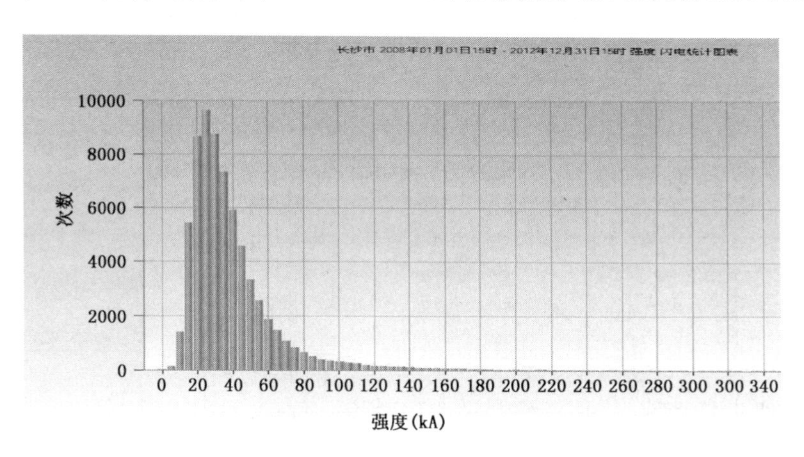

图 2.13　长沙市闪电强度分布图(2008—2012 年)

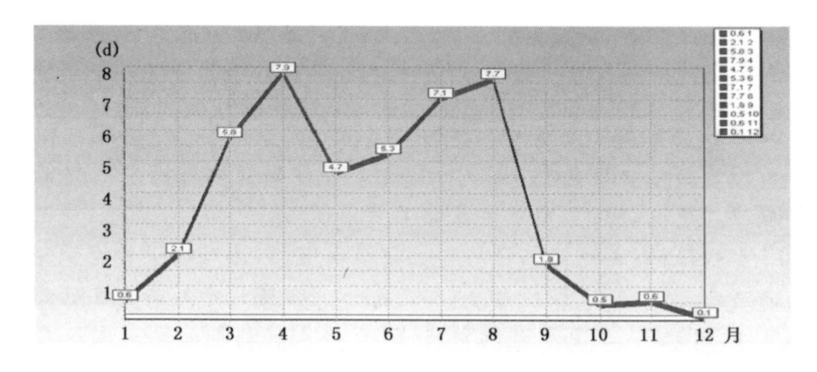

图 2.14　长沙平均闪电日逐月分布

闪电也不多，占总数的8.69%(见图2.13)。在地势相对较低的区域，容易形成负地闪，而海拔较高的峰顶，则容易形成正地闪，而长沙地势相对较低，因而形成了如此的闪电分布特点。

从图2.14中可以看出，长沙市一年12个月均有闪电发生，3—8月是雷暴多发季节。

②长沙市雷电风险

通过对2002—2010年间全省雷击灾害统计资料进行的统计分析，以及现行雷击风险评估标准的深入研究，综合雷电自身的放电特性、影响雷电放电的地域环境和承灾体对雷电的敏感特性，确定雷击危险度区划的四个指标，即雷电风险、雷电灾害频度、经济(GDP)损失模数和生命易损模数，通过大量数据的分析，从表2.20中可以看出，长沙市是湖南省雷电灾害风险最高的地区。

表2.20　湖南省各市(州)雷击危险度指标评估

市州	雷电风险指标	雷电灾害频度指标	经济损失模数指标	生命易损模数	雷击危险度综合评判指标
长沙市	0.53	0.86	1.0	0.8	0.7975
株洲市	0.53	0.86	0.4	0.6	0.5975
湘潭市	0.53	0.67	0.6	0.8	0.65
岳阳市	0.33	0.73	0.4	0.6	0.615
常德市	0.47	0.73	0.2	0.6	0.5
益阳市	0.67	0.60	0.2	0.6	0.5175
娄底市	0.80	0.60	0.4	0.8	0.65
张家界市	0.73	0.33	0.2	0.4	0.465
湘西自治州	0.60	0.40	0.2	0.4	0.4
怀化市	0.60	0.33	0.2	0.4	0.3825
邵阳市	0.60	0.60	0.2	0.6	0.5
永州市	0.60	0.46	0.2	0.4	0.415
衡阳市	0.67	0.53	0.4	0.8	0.6
郴州市	0.67	0.60	0.2	0.4	0.4675

4)加油站防雷装置安全检测工作的必要性和重要性

随着我国经济的快速发展，城市的综合灾害防御规划与城市的建设规划共同进行已成为各地政府规划城市建设的主要内容之一。伴随地方经济的发展和人民生活水平的提高，各地的机动车辆也在迅速增加，为之提供能源的城市机动车公共加油站也在迅速地增加。加油站在城市交通建设中起着重要的作用。但是近年来加油站的雷电灾害事故频繁发生，直接威胁到加油站周围人群和建筑物的安全，削弱了加油站作为城市能源枢纽的功能，因此加油站的防雷装置安全检测工作尤为重要。

5)加油站防雷现状及存在隐患

由于长沙市属于雷电灾害高危险度区域,属于易燃易爆场所的加油站更应该是防雷防灾的重点。经过近几年各级防雷部门的努力工作,据不完全统计,加油站的直接雷击事故数有一定幅度的下降,尤其是在重视了加油机防雷电波侵入的检测后,加油机(包括加油机主板)因雷电波侵入而损坏的事故率下降了。但是,随着加油站自动化水平的不断提高(如液位仪的大量使用、IC卡和税控系统的全面推广、自助加油、零管及油气回收等系统的配备),使得加油站的弱电设备(如计算机系统、监控系统等)抵御雷电灾害的能力大大降低,事故率不断上升。因此,在确保加油站防直击雷检测的同时,还应加强完善对加油站弱电系统的防雷防静电检测。

6)法律依据

①《中华人民共和国气象法》。

②《防雷减灾管理办法》。

③《湖南省实施〈中华人民共和国气象法〉办法》。

④《湖南省雷电灾害防御条例》。

⑤《湖南省安全生产委员会关于印发2014年安全生产工作考核细则的通知》(湘安〔2014〕5号)。

7)检测依据

①《建筑物防雷设计规范》(GB 50057—2010)。

②《汽车加油加气站设计和施工规范》(GB 50156—2012)。

③《建筑物电子信息系统防雷技术规范》(GB 50343—2012)。

④《石油与石油设施雷电安全规范》(GB 15599—2009)。

⑤《建筑物防雷装置检测技术规范》(GB/T 21431—2008)。

8)检测内容及范围

汽车加油站属于比较复杂的易燃易爆场所,防直击雷、防雷电波侵入、防雷电感应和防静电接地等检测项目交合混杂,了解并应用相关防雷技术标准规范,熟知加油站内各设施的功能和作用,从点到面,全方位对加油站的防雷装置和设施进行测试,确保加油站防雷安全。汽车加油站主要是有地下储油罐、槽车卸油场、加油岛、站房及宿舍等组成。液化石油加气站主要由储罐储气瓶组(井)、槽车卸气场、加气岛、站房等组成。天然气加气站主要由储气瓶组或储气井、压缩机房、调压装置、槽车卸气场、加气岛、站房等组成。其技术要求和检测项目如下:

①检测前的工作内容

a.查阅加油站的雷击风险评估报告、图纸设计审核意见书和施工设计图纸等相关图纸，使检测人员对加油站防雷设计做到心中有数。

b. 查阅油站所在地的闪电分布、天气概况、周边建筑物情况等，确保现场环境能实施检测。

c. 查阅现场检测时应遵守检测作业安全规定和加油站的有关安全规定（如不拨打手机、不吸烟等）。

d. 查阅加油站附近地下金属管网的敷设情况资料，根据所使用的接地电阻测试仪的测试原理及要求，正确布置辅助电压和电流极的桩位。

②防直击雷的检测

a. 接闪器的检测

检查加油站营业厅、罩棚和油罐区等建（构）筑物的接闪器形式和材料规格。加油站的接闪器一般多采用接闪带、接闪网、接闪短针或金属屋面等，尤其要注意利用金属屋面作为接闪器时，其厚度应大于 4 mm，否则应加装其他接闪器，如接闪带或者接闪短针。

检查接闪器的施工工艺（包括连接形式、连接质量、连接长度、焊接工艺、防腐措施、固定情况等）是否符合要求，当有暗敷接闪带时，还应查阅防雷装置跟踪检测隐蔽工程原始记录和施工设计图纸。

根据建（构）筑物的防雷类别计算接闪器的保护范围，应着重判断屋角、屋脊、屋檐及其他较大非金属物体是否在接闪器的保护范围之内。

检测加油站营业厅、罩棚等建筑物顶部的较大金属物体是否与接闪器做了等电位连接，如已实现其与接闪器的等电位连接，则进一步检查等电位连接导体的材料规格、连接方式、防腐措施是否符合要求。

检测路边广告牌是否做了良好接地。由于该种广告牌放置在路边，如果没有做良好的接地，很可能对路边行人或加油站设施造成危害。

对各个易遭受雷击的部位进行接地电阻测试。

b. 引下线的检测

检查加油站的营业厅、罩棚和油罐区等建（构）筑物的引下线的敷设方式、材料规格和施工方式（包括连接形式、连接长度、焊接工艺、防腐措施、固定情况等）是否符合要求。

检查引下线是否均匀布置且边角和拐弯处有无设置引下线。

测量引下线的最大间距，如为暗敷则计算其平均间距。

检查明敷引下线在易受机械损坏和防人身接触的地方，地面上 1.7 m 至地面下 0.3 m 的一段接地线是否采取了镀锌角钢、改性塑料管或橡胶管等保护设施。

当采用暗敷引下线时，引下线的相关技术参数（如施工方式、布置方式、间距、材料规格等）应查阅防雷装置跟踪检测隐蔽工程原始记录和施工设计图纸。

③防雷电波侵入的检测

a.低压配电线路和信息线路的检测

检测进入加油站的低压配电线路和信息线路的敷设方式、接地情况以及连接质量。当低压配电线路和信息线路全长采用埋地电缆或敷设在架空金属线槽内引入加油站时，应检查是否在入户端将电缆的金属外皮、金属线槽等接地。若低压配电线路和信息线路采用先架空后埋地的方式引入加油站，还须检查电缆的埋地长度是否符合要求。

检查接闪器和引下线上是否缠绕有电气线路或电气线路是否穿钢管敷设。

检查是否在配电房及需要特殊保护的设备前端装设了电涌保护器。

b.金属管道的检测

检测进入加油站的架空或埋地金属管道是否在进出建筑物处或防雷区的交界处与防雷的接地装置做等电位连接。如已实现其与防雷接地装置的等电位连接，则应进一步检查连接质量，连接导体的材料和规格。尤其要具体检查进入加油机或油罐区的输油管道的接地情况。

检测进入加油站的架空金属管道是否在距加油站约25m处接地一次。

④防雷电感应的检测

a.检测加油站的加油机、输油管道、构架和放散管等金属物与接地装置的连接情况，如已实现连接则进一步检查连接质量，连接导体的材料和规格。

b.检查加油站内平行敷设或交叉敷设的管道、构架和电缆金属外皮等长金属物，其净距小于100 mm时的跨接情况。如已实现跨接则进一步检查连接质量，连接导体的材料和规格。

c.检查地上或管沟敷设的油品管道的是否在始端、末端和分支处设有接地装置。

d.检测各金属油罐的阻火器、呼吸阀、放散管、量油孔和卸油口等金属部件的是否接地，如已实现连接则进一步检查连接质量，连接导体的材料和规格，其过渡电阻是否小于0.03Ω。

e.检查长金属物的弯头、阀门、法兰盘等连接处的过渡电阻情况，当过渡电阻大于0.03Ω时，连接处应设跨接导线；对有不少于5根螺栓连接的法兰盘，在非腐蚀的环境下可不跨接。

f.检查油罐的温度、液位等测量线路是否采用铠装电缆及钢管配线并接地，并进一步检测铠装电缆外皮或配线钢管和油罐是否做电气连接并接地。

g.检测加油站信息设备是否接地，信息线路是否采取了屏蔽措施，是否与加油站共用一个接地系统，并进一步检查连接质量，连接导体的材料和尺寸。

⑤防静电接地的检测

a. 检测输油管道是否在管道分岔处、无分支管道每 80～100m 处以及进出加油站和有关设备处设置了静电接地。直接埋地管道可在埋地之前和出地之后各接地一次，对于有阴极保护的管道、罐体不应做接地。

b. 检测加油站卸油口静电夹、工作区静电桩及加油区加油枪的静电接地线是否牢靠好用，静电接地电阻是否符合要求。

c. 静电接地线不能共用电源零线、不得与防直击雷接地线共用。

⑥电涌保护器(SPD)的检测

a. 检查避雷器是否在湖南省气象局法规处备案。

b. 检查并记录加油站各级 SPD 的安装位置、数量、主要性能参数和安装工艺(如连接导体的材料、色标以及牢固程度)。

c. 检查加油站多级 SPD 之间的距离。确保电压开关型 SPD 与限压型 SPD 之间的线路长度不小于 10 m；限压型 SPD 之间的线路长度不小于 5 m。当 SPD 之间的距离不符合标准要求时，检查 SPD 之间是否加装了退耦元件。

d. 检查 SPD 两端连接导线的截面积是否符合标准要求，连接长度是否小于 0.5 m。

e. 检查 SPD 是否有状态指示器，如有，确保与生产厂商的说明一致。

f. 检查 SPD 前端是否装设有过电流保护器，并检查其额定工作值是否与主电路上的特征值相匹配。

g. 检查安装在配电系统或信息系统中 SPD 的最大持续运行电压 U_C 值和标称放电电流 I_n 值是否符合规范要求。

⑦接地装置的检测

a. 根据防雷装置跟踪检测隐蔽工程原始记录和施工设计图纸判断接地装置的材料规格和施工工艺是否符合要求，必要时可以开挖部分接地体进行实地检查。

b. 检查油罐的接地点数(应不少于 2 处)，两接地点间距不宜大于 30 m。

检测加油站的防雷接地、防静电接地、工作接地、保护接地等为共用接地时，其接地电阻值是否小于 4Ω(设计有更高要求时按设计要求)。若各接地装置为分设，则各接地装置之间在地中的距离应符合标准要求且接地电阻按各自标准进行判断(防雷接地≤10Ω，电气接地≤4Ω，防静电接地≤100Ω)。

9)检测费用概算

防雷防静电检测点数费用见附件(按照湘价服〔2011〕194 号文件，按点进行费用核算)。

10)防雷安全性能估算分析

运用防雷检测结果结合历史雷灾资料、雷电资料、环境资料等进行安全性能评估分析。

33. 炸药库防雷检测有哪些技术要点?

答:1)检查检测接闪器:无论属于哪种类型的炸药库(砖混、钢筋混凝土、覆土库、转运站的站台及站台库)均应按第一类防雷建筑物的要求进行设防,检测其接闪器类型与保护范围,其接闪器应为接闪杆、架空接闪线和架空接闪网,而不应在其天面设置接闪杆或接闪带;并检查地下仓库伸到库外的排风竖井及其他突出物体是否也设有直击雷防护装置。

2)检查接地网:炸药库接闪装置的接地网应为独立接地网,其接地电阻值应不大于10Ω,测量接闪装置地网与被保护物地网的导通电阻值,若≥1Ω,则判断为独立地网。

3)检查进入炸药库电缆的敷设方式,应为铠装电缆全程埋地敷设,并在引入端应将电缆金属外皮进行防雷电感应接地;当全程埋地有困难时,应采用钢筋混凝土电杆铁横担架空线,但必须换接长度不少于50 m的金属外铠装电缆埋地引入,其引入端电缆金属外皮应进行接地;此外,还应检查电缆与架空线的换接杆上是否装设阀型避雷器,其与电缆金属外皮、绝缘子铁脚等是否进行接地处理。

4)测量覆土库、转运站站台库的金属管线、金属门窗、钢屋架及其他金属装置以及突出在外面的金属物体的防雷电感应接地电阻值,其值不应大于10Ω。

5)检查炸药库内装设的电涌保护器是否为防爆阻燃型,其他性能参数测试按普通电涌保护器的测试方法进行。

6)炸药库其他不存在起火爆炸环境的辅助用房、办公用房按第二类或第三类防雷建筑物的要求进行检测。

34. 地铁防雷检测的主要区域、检测内容和注意要点有哪些?

答:1)主要区域

地铁防雷检测的主要区域包括:车站(包括地下站、地面站和高架站)、高架、停车场、车辆段以及地面区间变电所。

2)检测内容

①站点检测内容

a. 地下站、地面站和高架站的综合接地网施工工艺及接地电阻值。

b. 地下站出入口的金属雨棚接地电阻值。

c. 信号设备室:包括各等电位端子板、机柜、配电箱、电源柜、配线架、光缆金属加强筋、垂直敷设的金属线槽等，交流配电柜、电源柜内的电源电涌保护器，防雷分线柜及配线架内的电涌保护器，防静电底板支架的检测。

d. 专用、公安通信设备室：包括各等电位端子板、机柜、配电箱、电源柜、配线架、光缆金属加强筋、垂直敷设的金属线槽等，交流配电柜、电源柜内的电源电涌保护器，有线子系统配线架的防雷保安器；无线同轴馈线，CCTV 子系统，广播机信号输出端，GPS 馈线以及防静电地板支架的检测。

e. 综合监控室（含车控室）：各等电位端子板、机柜、配电箱、电源柜、光缆金属加强筋、垂直敷设的金属线槽等，防静电底板支架及配电柜（箱）内的电源电涌保护器。

f. 自动售票系统：自动售检票设备室等电位端子板、各机柜体、配电箱，设备室内交流电源箱内的电涌保护器以及闸机、自动售票机的检测。

g. 屏蔽门系统：屏蔽门设备室等电位端子板、各机柜体、配电箱，设备室电源柜内的电涌保护器以及屏蔽门与附近金属结构的绝缘电阻。

h. 机电设备：各车站位于地面的冷却塔体，冷却塔配电箱、各车站出入口顶灯徽配电箱、车站环控电控室内电源柜以及其他动力、照明配电箱（柜）内的电涌保护器的检测。

i. 结构：地面站、高架站建筑物的避雷带、引下线及建筑物顶部设备，建筑物的接地检测。

②区间检测内容

区间检测主要为地面和高架区间的检测，包括灯杆体、声屏障体、线缆支架、天线杆的接地检测和电涌保护器的检测。

③停车场及车辆段的检测内容

停车场及车辆段的检测内容主要包括建筑物的防直击雷检测、内部防雷系统检测以及外部高杆灯的接地检测等，可按照二类或三类防雷建筑物的检测方法进行。地面区间变电所建筑物外部防雷装置按车辆段的建筑物检测，电源、电子系统，按以上对应项目的内容检测。

④综合接地网的跟踪检测

a. 综合接地网的跟踪检测分为 3 步，分别为首次检测、中期检测及地网完工后的综合测试。

b. 首次检测时应查阅相关设计资料，确定综合接地网的设计规格及网格尺寸；检查水平接地体、垂直接地体材料、规格，焊接方式及工艺，地网预埋沟槽的尺寸规格，填充土壤情况以及预留接地排材料规格，并做详细记录。对于不符合要求的应在现场提出相关建议。

c. 中期检测时，除按首次检测要求查看施工工艺外，还应用等电位测试仪测量各预留接地排之间的导通电阻值，以保障综合接地网各施工段相互连通，作为一个等电位体，其导通电阻值应≤0.2Ω。

d. 当地网完工后，应对整个地网进行一次综合测试。测试仪器须为能抗城市杂散电流干扰的大型地网接地电阻测试仪，其接地电阻值应≤0.5Ω。

3)注意要点

①由于地铁运行均采用直流牵引网电源供电，其电源主接线柜，输出接线柜的柜体不接地，绝缘安装，SPD连接在电源的正极与负极，负极与配电室PE线之间。

②与电气铁路相似。地铁线路也存在杂散电流泄露问题。为防止或降低杂散电流泄露导致的车站附近地下金属管线腐蚀问题，走行轨、杂散电流收集网等不允许接地，走行轨与车站、桥梁及隧道主体结构之间的过渡电阻值应控制在新线路15Ω·km，运行线路3Ω·km以内，轨道道床内的钢筋与车站、桥梁及隧道主体结构应尽可能绝缘。因此阶段检测期间和竣工检测时，均不必对走行轨、道床的杂散电流收集网进行防雷检测。

③由于站台安全门或屏蔽门门体与站台土建结构采用绝缘措施，并要求与走行轨跨接。因此，在安全门或屏蔽门门体防雷检测时应特别注意。

35. 大桥防雷检测的主要内容和注意要点有哪些?

答:1) 大桥防雷检测的主要功能区域有大桥主体、大桥管理中心以及相关配套设施(如大桥监控系统、桥头广场高杆灯)等，其主要检测内容包括:

①接闪器与泄流装置:检查大桥作为索塔上安装的接闪杆，作为接闪器的金属悬索、路灯等锈蚀情况及防腐情况，并用等电位测试仪测量金属悬索、路灯与桥体钢筋的过渡电阻值，其值应不大于0.2Ω。

②接地装置:采用温纳四极法，用大地网接地电阻测试仪测量大桥两端的接地测试点或其他防雷装置的接地电阻值，测量时电流极应尽可能远离大桥接地装置，最小应不小于500 m。

③等电位连接:测量大桥所有的金属构件(金属护栏、广告牌金属框架等)。

④线路屏蔽:检查电源线路、视频信号线路的敷设路线及屏蔽情况，具体包括线缆是否为铠装电缆，是否采用金属屏蔽管，以及金属屏蔽层或金属屏蔽管的接地情况。

⑤SPD:检查电源部分SPD的级别和标称放电电流，一般应按GB 50343—2012中C级或D级进行防护;检查其运行情况，并测量其压敏电压、漏电流等部分性能参数。

⑥大桥管理中心应按第二类防雷建筑物的要求进行防雷检测，桥头广场高

杆灯应测量其接地情况及接地电阻值，其接地电阻值应不大于10Ω。

注意要点：大桥首次进行定期防雷检测前，应查看大桥的防雷设计资料与施工隐蔽工程资料，具体包括索塔接闪杆的材料规格、高度；接闪器与作为引下线的拉索或索塔钢筋的焊接情况；引下线与桥面或桥墩钢筋的焊接情况与工艺，桥面钢筋与桥墩钢筋的焊接情况与工艺，桥面伸缩缝钢筋的连接与施工工艺；作为接地装置的桥墩基础钢筋设置情况等。

36. 电源SPD有哪些类型？请简述其检测方法。

答：1）类型：SPD可以分为电压开关型、限压型及组合型。

①电压开关型SPD(图2.15)。在没有瞬时过电压时呈现高阻抗，一旦响应雷电瞬时过电压，其阻抗就突变为低阻抗，允许雷电流通过，也被称为“短路开关型SPD”。

图2.15　开关型SPD实物图及其内部构造

②限压型SPD(图2.16)。当没有瞬时过电压时，为高阻抗，但随电涌电流和电压的增加，其阻抗会不断减小，其电流电压特性为强烈非线性，有时被称为“钳压型SPD”。

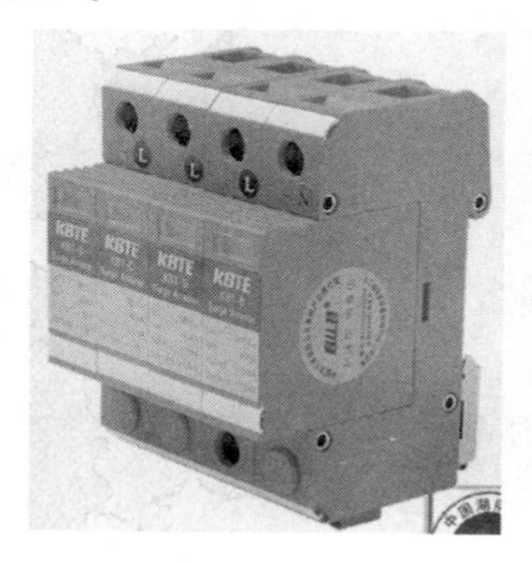

图2.16　限压型SPD实物图及其内部构造

③组合型 SPD(图 2.17)。由电压开关型组件和限压型组件组合而成,可以显示为电压开关型或限压型或两者兼有的特性,这决定于所加电压的特性。

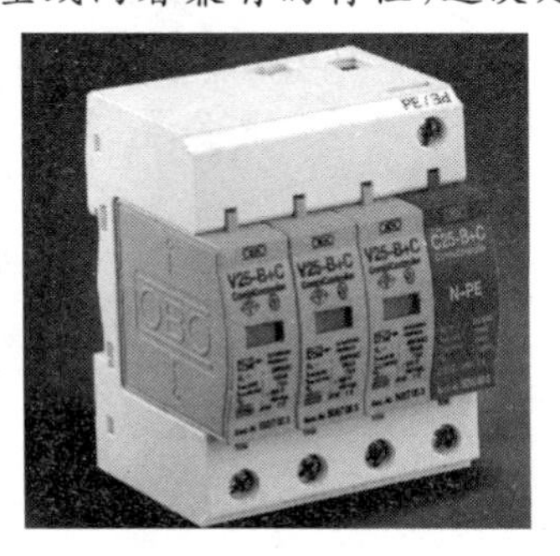

图 2.17　组合型 SPD 实物图

④箱式 SPD(图 2.18)可将气体放电管或压敏电阻任意调配,设置出需要类型的 SPD,其具有很多优点:a. 完全独立安装在配电箱以外,不会因 SPD 故障导致配电箱起火。b. 外面有一个难拆卸的金属外壳,SPD 内部不易损坏。c. 因其内部特殊的走线与布置,设置有多泄流通道,当一个压敏电阻片通道损坏,串联的热感熔断丝便会切断该条线路,其内部控制电路板便会将该相线通道换到另外一个未损坏的通道,使其使用寿命大大延长,此为箱式 SPD 最大的优点。d. 箱式 SPD 常常还集成了报警功能。

图 2.18　箱式 SPD 实物图及其内部构造

2)电源 SPD 的检测方法

①对 SPD 进行外观检查:SPD 的表面应平整、光洁、无划伤、无裂痕和烧灼痕,不变形。SPD 的标识应完整清晰。

②检查 SPD 是否具有状态指示器,如有,则需确认状态指示应与生产厂家说明相一致。

③检查 SPD 的内置或外置脱离器是否处于正常状态。

④SPD 连接导体的颜色应符合相线采用黄、绿、红色，中性线用蓝色，保护地线用绿/黄双色线的要求。

⑤SPD 连接导体的最小截面应符合表 2.21 要求(注：新版 GB 50343—2012 对线有新的要求)

表 2.21 SPD 连接导体的最小截面要求

SPD 级数	SPD 的类型	导线截面积(mm^2)	
		SPD 连接相线铜导线	SPD 接地端连接铜导线
第一级	开关型或限压型	6	10
第二级	限压型	4	6
第三级	限压型	2.5	4
第四级	限压型	2.5	4

⑥SPD 两端的连接线长度不应超过 0.5 m。

⑦检查各级 SPD 之间的间距，开关型与限压型之间的距离不宜小于 10 m，限压型之间的距离不宜小于 5 m。

⑧测量 SPD 的压敏电压、漏电流等性能参数，作为判断 SPD 是否正常运行的依据。

37. 不同类型 SPD 的压敏电压、漏电流等参数怎样进行测试？

答：1)普通限压型 SPD：直接利用测试探针测试 L—PE 和 N—PE 的压敏电阻和漏电流即可。

2)组合型 SPD：组合型 SPD 因其特殊的线路设置(图 2.19)，测试时与限压型 SPD 不同。利用 MOV 档测试 L1—N，L2—N，L3—N 的压敏电压与漏电流，利用 GDT 档测试 N—PE 的启动电压。

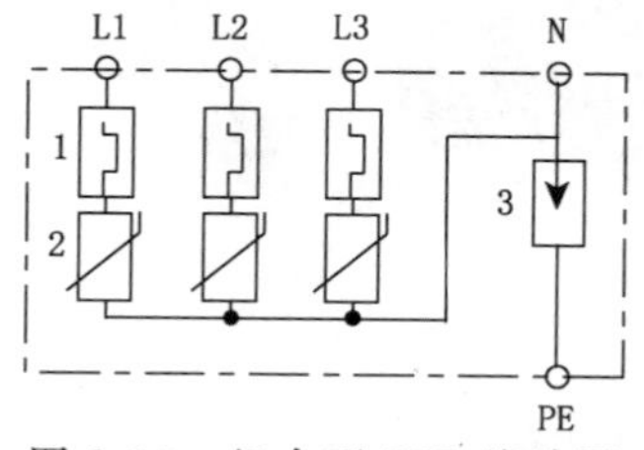

图 2.19 组合型 SPD 线路图

①箱式 SPD

a. 箱式 SPD 测试前应观察其外壳的标注，如标注的只有 I_{max} 和 I_n，则其一定是限压型 SPD(否则就不符合 SPD 测试规范对标识的要求);如其标注有冲击电流 I_{imp},则其必定含有开关元件(火花间隙或者气体放电管)。如均未标识,则需要向生产厂商或供应商索取相关资料。

b. 限压型箱式 SPD 测试与模块型 SPD 相同。

c. 如其含有开关元件,可先用测试针测试 L—N 线的压敏电压和漏电流,如能显示漏电流,则其为组合型 SPD,后续测试方法按照前面所述组合型 SPD 测试方法进行;如无漏电流,则其为开关型 SPD,按照前面所述开关型 SPD 测试方法进行测试。

②防雷插座的测试:根据防雷插座的电路图(见图 2.20),测试防雷插座时,应用探针测试其 L—N 的压敏电压和漏电流。

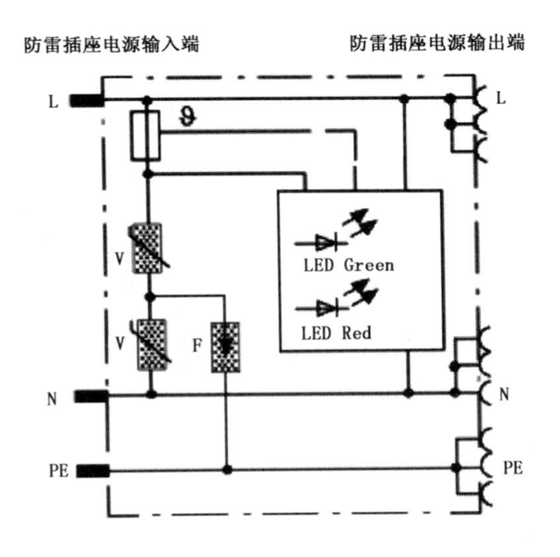

图 2.20 防雷插座的电路图

38. 油库综合防雷技术服务的应用与研究包括哪些方面?

答:1)通过研究分析,构建了油库综合防雷技术服务模式

其内容包括预评估指导油库选址;现状评估指导防雷检测;防雷检测数据确定改建、扩建和日常维护的内容;大气电场仪的数据、天气背景,雷达回波等确定雷电过程临近预警,油库根据雷电预警信息采取相应措施,如立刻停止卸油工作,中断其他户外作业等,保障油库防雷安全。

2)油库选址防雷服务要求

油库在选址时,除了要考虑油库的总体规划、经济合理、交通便利和对周边的潜在威胁因素等外,还要重点考虑雷电危险程度。首先应建立科学的评估数

学模型，设置相应的指标评价体系，确定与雷电危险度匹配的各项因子的取值及其权重。各相关因子主要包括历史雷电监测数据、历史雷暴路径、历史雷灾与预选址地区的地形情况、地质情况，待建项目的性质，内部主要设备功能和相关参数等。根据多年油库防雷服务经验，总结油库选址服务流程如图 2.21 所示。

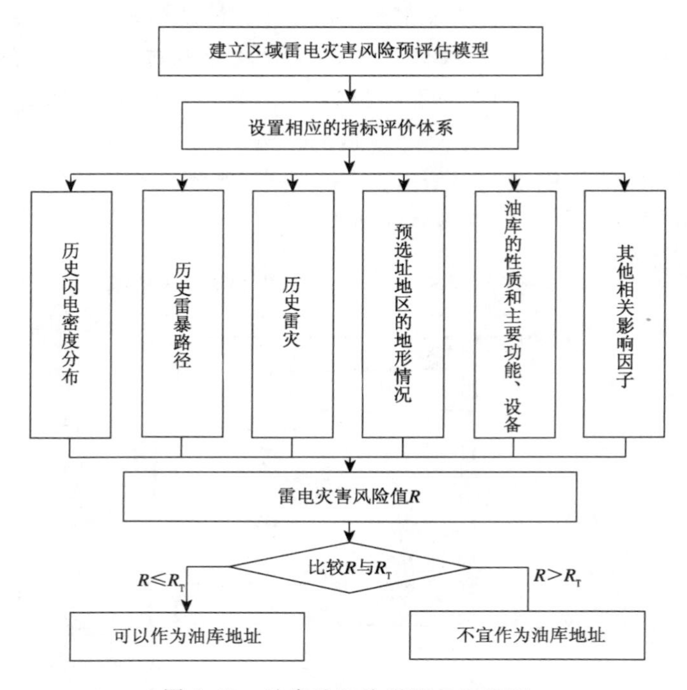

图 2.21　油库选址防雷服务流程图

3）油库防雷装置定期检测前的气象背景分析

对新建（扩建、改建）油库进行防雷装置设计和施工前，如果能对油库防雷装置运行状况和油库整体抵御雷电的能力进行评估，可以有效提高防雷装置设计施工的针对性，从而提高油库运营中的雷电防御能力。而对于已建好的油库，对其防雷装置运行现状进行评估，从雷电灾害风险防御角度分析油库存在的主要雷击风险源、途径及其规律，可以有效指导防雷装置定期检测和后期防雷工程整改、修缮。

油库现状评估主要基于雷电监测数据、地形地质数据、历史雷灾资料、现有防雷装置资料、评估对象性质和内部设备参数等，根据 IEC 62305 等标准，首先计算各因子的大小，然后根据其在风险分量计算中所占权重的大小，分别计算人员损害风险 R_1、公共服务中断风险 R_2 以及经济损失风险 R_4。通过比较 R_1，R_2，

R_4 与可承受风险 R_T 的值，分析判断项目防雷设施现状；同时通过分析主要风险源及其侵入路径，设计增设或修缮防雷装置，使项目处于雷击可承受风险范围内。通过综合分析油库所在区域的雷电现状评估资料，通过建立数学模型分析油库防雷检测时间和重点检测区域。现归纳油库防雷装置定期检测前的气象背景分析如图 2.22 所示。

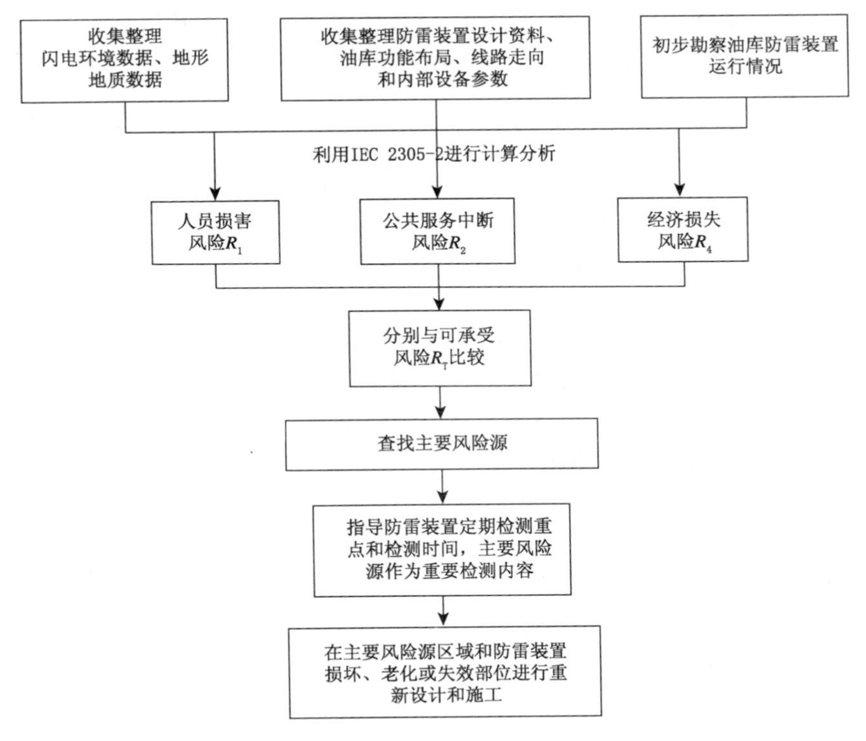

图 2.22　油库防雷装置定期检测前的气象背景分析流程图

4)油库雷电监测与预警服务数据应用分析

从 2009 年开始，湖南省防雷中心为中石化霞凝油库提供雷电监测与预警预报服务。通过对高空、地面观测、云图等多种气象资料分析，结合多普勒雷达、闪电定位、大气电场仪等实时数据资料，得出油库所在区域未来闪电发生情况，提供短时预报产品和临近 2 小时预警产品及闪电监测资料分析产品。

根据近几年的大气电场数据统计分析发现，油库附近大气电场大于 1kV/m 且陡变时预示着雷电过程来临；根据天气形势判断可初步判定是否有雷电活动发生，根据雷达回波强度和速度及走向，发布未来 2 小时和未来 1 小时雷电预警，做好油库防雷安全服务。以后根据多年雷电活动的统计资料、雷电活动路径指导油库的改建、扩建工作。

5)油库雷电预警预报应用实例分析

下面就2014年3月典型个例，详细分析气象数据在油库雷电预警预报中的应用。

①雷暴天气过程概述

受高空低槽和地面冷空气的影响，2014年3月18—19日湖南省出现了一次较为明显的闪电过程，其中长沙市区共计发生闪电1625条。

②雷电相关气象资料分析

a. 天气形势分析

地面观测资料显示，3月18—19日雷电过程前期，云贵地区低压发展旺盛，蒙古北部有一个中心气压值达1042 hPa的冷高压。湖南省受高空弱脊影响，天气晴好，温度不断上升，至18日14时，长沙最高温度达29℃。18日23时前后，南下冷空气已经影响到了湖南北部。

高空资料上，850 hPa及700 hPa资料显示西南风逐步加强，18日20时高空图上，850 hPa上华南为一致的西南风，湖南中部有风速的辐合，贵州西部至湖北西部有切变。700 hPa上西南急流轴已北抬至湘中一线，贵州西部至重庆西部有切变。500 hPa上湖南位于槽前。T-ln$P$图上显示，郴州、长沙站上干下湿、不稳定能量等雷电相关指数反映明显。19日凌晨后湖南省将有雷电活动发生。

对天气形势判断可初步判定是否有雷电活动发生。针对油库提供未来1—2小时雷电预警服务，还需要用到雷达资料及实况闪电资料等。

b. 雷达及闪电资料分析

通过对天气形势判断3月19日将有雷电活动发生，业务人员加强了对雷达资料的监测。19日07:09长沙雷达基本反射率资料显示(见图2.23)，长沙西南部开始出现30 dBz的雷达回波，结合速度图判断，这块回波将会东移加强。08:30强回波东移至长沙南部(见图2.24)，此时回波位于油库南部约20 km。预计未来回波将增强，08:35为油库发布未来2小时雷电预警，“预计未来2小时，长沙将有雷电活动发生，可能影响到油库所在区域。请油库相关负责人和生产人员做好雷电防御工作，加强防范，有效避免雷击事故的发生。”

19日14时后，闪电从长沙西北部开始发展。15:33雷达图(见图2.25)上，油库西部有强回波，对应有雷电活动，16:09回波东移约10 km(见图2.26)，距油库约10 km，强度稍有减弱。16:20发布未来1小时雷电预警，“预计未来1小时，长沙将有雷电活动发生，可能影响到油库所在区域。”

过程期间为油库提供雷电预警服务二期。19日21时后，长沙市雷电活动

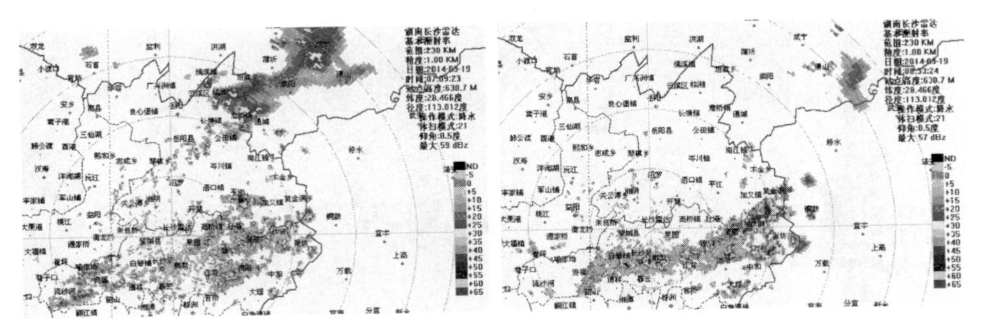

图 2.23 2014 年 3 月 19 日 07:09 基本反射率

图 2.24 2014 年 3 月 19 日 08:33 基本反射率

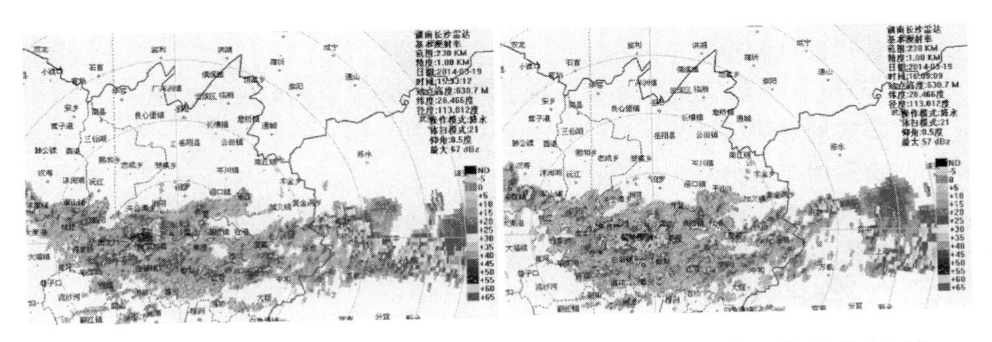

图 2.25 2014 年 3 月 19 日 15:33 基本反射率

图 2.26 2014 年 3 月 19 日 16:09 基本反射率

逐渐减弱消失。

油库主要工作内容之一就是完成油品的分发，雷雨天气对油品分发工作影响很大，一但遭受雷击极易造成灾害。通过与用户单位的沟通，服务产品通过短信、传真的方式发送给油库主要负责人及每日安全生产负责人。雷电预警服务产品为油库安全调度提供了科学参考，保障了油库的运行安全，目前未收到过油库的雷电灾情报告。

七、雷灾调查

1. 现代雷电灾害有什么特点？
2.《防雷减灾管理办法(修改)》对于雷灾调查、鉴定的要求有哪些？
3. 雷灾调查的原则是什么？
4. 雷灾调查组织及人员的要求有哪些？
5. 雷灾调查的程序有哪些？
6. 雷灾后需要对哪些因素进行调查？
7. 气象因素的调查有哪些？
8. 环境因素的调查有哪些？
9. 历史因素的调查有哪些？
10. 防雷装置及设备因素的调查有哪些？
11. 雷电灾害事故现场因素的调查有哪些？
12. 雷灾调查的仪器主要有哪些？
13. 除各因素雷灾调查外主要运用的技术方法有哪些？
14. 雷灾调查评估的结果如何分级？
15. 如何编写雷灾调查评估报告？

1. 现代雷电灾害有什么特点?

答:随着经济的快速发展,及各种电子、电器设备广泛运用,湖南省有70%以上的雷击事故致使家用电器、通信设备、网络设备等发生损坏。雷电灾害对电子、电力、石化、通信、交通、航空等关乎国计民生的重要行业部门及领域的危害程度日益加大,主要表现为以下三个特点:

1)雷电灾害从二维空间侵入变为三维空间侵入,一场雷暴可造成多处受灾。

2)雷电灾害的经济损失和危害程度增加,虽然常常是雷击的对象本身的直接经济损失不大,但是由此产生的间接损失和公众服务系统运行停顿影响却很难估计。

3)受灾对象集中在电子器件上,而电子技术的应用渗透到生产和生活的各个领域;防雷产品民用化程度不够,民用设备、电器的防雷设施欠缺,民用防雷产品的技术规范、设计规范、安装使用规范不健全。

2.《防雷减灾管理办法(修订)》对于雷灾调查、鉴定的要求有哪些?

答:《防雷减灾管理办法(修订)》中第五章对雷电灾害调查、鉴定提出了以下要求:

1)各级气象主管机构负责组织雷电灾害调查、鉴定工作。其他有关部门和单位应当配合当地气象主管机构做好雷电灾害调查、鉴定工作。

2)遭受雷电灾害的组织和个人,应当及时向当地气象主管机构报告,并协助当地气象主管机构对雷电灾害进行调查与鉴定。

3)地方各级气象主管机构应当及时向当地人民政府和上级气象主管机构上报本行政区域内的重大雷电灾情和年度雷电灾害情况。

4)大型建设工程、重点工程、爆炸和火灾危险环境、人员密集场所等项目应当进行雷电灾害风险评估,以确保公共安全。各级地方气象主管机构按照有关规定组织进行本行政区域内的雷电灾害风险评估工作。

3. 雷灾调查的原则是什么?

答:雷灾调查应遵循及时、科学、公正、完整的原则。

4. 雷灾调查组织及人员的要求有哪些?

答:雷灾调查应由气象主管机构指定的专业防雷机构组成调查组或直接派出调查组负责实施。

调查组人员应不少于3人,现场调查应不少于2人,调查组人员应具有较全面的雷电防护理论与较丰富的实践经验,需要时可聘请相关人员参加调查组。

5. 雷灾调查的程序有哪些?

答:雷灾调查的程序如图2.27所示。

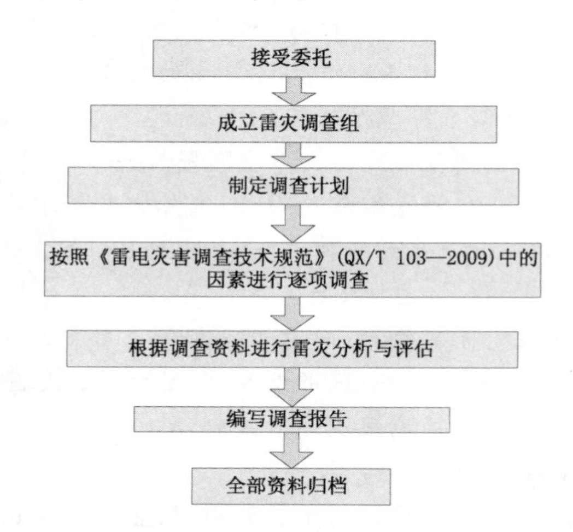

图2.27　雷灾调查的程序

6. 雷灾后需要对哪些因素进行调查?

答:气象因素;环境因素;历史因素;防雷装置及设备因素;雷电灾害事故现场因素。

7. 气象因素的调查有哪些?

答:1)调查距雷电灾害发生所在地的邻近气象台(站)地面气象观测记录,内容包括雷电发生时的日期及初始和终止时间、雷暴移动路径,当时的风向、风速、降水量、云的类型等。并要注明气象台站与发生雷电灾害地点的水平距离、方位和气象观测人员的描述等。

2)查阅气象卫星云图资料、天气雷达回波资料。

3)查阅闪电定位系统的资料,包括雷电灾害发生的时间、位置、强度、极性等。

4)查阅大气电场仪记录的电场强度、电场变化曲线等资料。

5)查阅其他雷电探测资料。

8. 环境因素的调查有哪些?

答:1)环境因素的调查宜在事发地半径1 km范围内进行。

2)调查事发地周围山脉、水体、植被的分布等自然环境状况。

3)调查事发地周围主要建筑物分布状况和大气烟尘等现状。

4)调查事发地周围电力、通信线路、金属管线、轨道等金属体的现状。

5)调查事发地土壤、山脉岩质、地下矿藏、地下水等地质状况。

6)调查事发地主要建筑物屋顶材质、无线电接收发射天线、地面覆盖铁质或其他金属材料、送变电设施等影响电磁环境的状况。

9. 历史因素的调查有哪些?

答:1)调查事发地及周边区域历史上及近年来雷电灾害资料。

2)调查事发地的建筑物及相关设施的建设资料和历史变迁状况等。

10. 防雷装置及设备因素的调查有哪些?

答:1)外部防雷装置的检查测试与计算

①检查接闪器、引下线、接地装置,查阅设计图纸及评价机构的意见,查验防雷装置检测报告,查找雷击点和雷击痕迹。

②检查防侧击雷装置的状况。

③按 GB/T 17949—2000 的要求,测量接地电阻、防雷装置连接处的过渡电阻。

④按 GB 50057—2010 的要求,采用滚球法计算接闪器的保护范围。

2)内部防雷装置的检查与测试

①调查建筑物内部共用接地系统总等电位连接状况;测量预留等电位连接接地端子的接地电阻;测量所有进入建筑物的线缆屏蔽管路及铠装电缆屏蔽层与共用接地系统的等电位连接电阻;测量建筑物内金属外壳设备等电位连接接地及设备之间等相关部位等电位连接过渡电阻。

②调查建筑物内机房等相关部位的屏蔽情况。

③调查安装的 SPD 的型号、技术参数及其配合状况,查看其直观状况,记录 SPD 标识的技术参数,检查或取样检测 SPD 技术性能。对安装在低压配电系统的 SPD 观察其状态显示窗、指示灯的状态。查看 SPD 前端空气开关或熔断器的状态和检查 SPD 的安装工艺、SPD 的测试报告等。

④调查建筑物内部、外部安装的电子系统设备的安装位置、管线走向,低压配电线路的配置,信息系统、自控系统与建筑外的信息传输方式,内部信息传输方式以及选用的设备,调查综合布线的情况。

11. 雷电灾害事故现场因素的调查有哪些?

答:1)对直观可见的雷击受损情况拍摄现场照片,对于现场熔珠、熔痕导体,应近距离拍照并提取样品留作进行"金相法"检查。

2)对于人及其他生物体伤亡应拍摄相关照片,必要时查阅医院或公安法医检验报告。

3)听取现场相关人员的口头描述,宜取得其笔录,以了解事故发生时现场的情况。

4)测量接闪器、引下线、接地装置及现场铁磁体的剩磁。

5)查看受损设备现场状态,拍摄现场照片,对于能在现场观察到的雷击痕迹宜拆开设备外壳观察,对于现场难以判断设备损坏部位的情况,宜运用替换方法判断故障的准确部位。

6)调查受雷击单位的防雷安全规程及执行情况,特别是化学危险品、易燃易爆场所的生产工艺流程和内部与安全有关的规章制度及执行情况。

7)当探测资料确定的位置距离事故发生地 1 km 以上时,还应根据雷电流的热效应、机械效应、电磁效应和剩磁法、金相法等来判定雷击对事发地雷电灾害的影响。

12. 雷灾调查的仪器主要有哪些?

答:1)测量工具:尺、经纬仪、激光测距仪、超声波数字式测厚仪。

2)工频接地电阻测试仪。

3)微欧计。

4)防雷元件测试仪。

5)剩磁测试仪。

6)数码照相机、摄像机。

7)频谱分析仪。

8)GPS 定位仪。

13. 除各因素雷灾调查外主要运用的技术方法有哪些?

答:1)"金相法"对雷灾提取物的检测。

2)"剩磁法"对雷击后剩余磁场强度的测量。

14. 雷灾调查评估的结果如何分级?

答:1)雷电灾害的结论分为是、不是和不能确定三种。

2)雷电灾害一般应分为由雷电直接造成的灾害和因雷电诱发的灾害。

3)雷电灾害的等级分为 A,B,C,D 四级。

①A 级灾害:雷击造成人员死亡、爆炸起火、重要信息系统瘫痪、公众服务系统瘫痪、企业全面停产,造成直接经济损失 100 万元以上或造成重大社会

影响。

②B级灾害：雷击造成人员伤害、建筑物局部受损、部分设备损坏、部分通信或网络中断，企业局部停产，直接经济损失在20万～100万元之间。

③C级灾害：雷击造成部分设备损坏，直接经济损失在1万～20万元之间。

④D级灾害：雷击造成轻度损害，直接经济损失在1万元以下。

15. 如何编写雷灾调查评估报告？

答：雷灾评估报告应客观、完整、科学、公正，包括以下主要内容：

1)雷电灾害的报告人(单位)、接报人(单位)、调查组的组成人员；调查报告的撰稿人、核稿人、签发人。

2)灾害发生的具体时间、详细地点、受灾单位(人)、灾害形式、损失情况、灾害等级。

3)调查内容要求方法中规定的全部资料。

4)检测、检查、鉴定的测试技术报告。

5)相关鉴定、分析技术报告。

6)评估意见、整改建议。